中国自然保护区
生态状况调查

自然中国志

黑龙江胜山

影像生物调查所(IBE)

黑龙江胜山国家级
自然保护区管理局

编著

湖南科学技术出版社

谨以此书献给中华人民共和国 70 周年华诞!
并向致力于保护自然的人们致敬!

影像生物调查所（IBE）是一家专业的自然影像机构，致力于创立"IBE 中国自然影像志"，专注于呈现中国自然之美。以"记录自然之美，传递生命感动"为宗旨，期望解决中国自然影像缺失，公众对中国自然了解匮乏的问题。

黑龙江胜山国家级自然保护区位于黑龙江省黑河市爱辉区，小兴安岭最北端。2007 年 4 月由国务院批准建立，总面积 600 平方千米，属森林生态系统类型。这里林海莽莽，物种多样，是环北极代表物种——驼鹿分布的最南界，第三纪森林——天然红松林分布的最北界。

"自然中国志"编纂指导委员会

主任　　郑　度

成员　　孙鸿烈　刘昌明　李文华　陆大道　刘光鼎　秦大河　孙　枢
　　　　　郭华东　卢耀如

编纂委员会　**主任：**李栓科

　　　　　　　编委成员：杨勤业　李渤生　李炳元　冯祚建

　　　　　　　主编：郑　度

　　　　　　　项目负责人：陈红军　林少波

　　　　　　　策划编辑：张　婷

　　　　　　　特约编辑：朱　红　武士靖

　　　　　　　图片编辑：张宏翼

　　　　　　　地图编辑：程　远

《自然中国志·黑龙江胜山》编辑委员会名单

本卷策划　影像生物调查所（IBE）

本卷编著　影像生物调查所（IBE）　黑龙江胜山国家级自然保护区管理局

本卷编委会　**主编：**郭建华　郭　亮

　　　　　　　副主编：张卫国　秦大公

　　　　　　　编委成员：郭建华　郭　亮　何　妍　窦清祥　曹宏颖　张卫国
　　　　　　　　　　　　　崔　林　徐廷程　王　斌　刘凯诏　朱仁斌　郑运祥
　　　　　　　　　　　　　黄金荣　韩云海　赵志强　刘庆祥　王寿山　张志学
　　　　　　　　　　　　　许云峰

　　　　　　　第一章及第三章部分内容编写：罗菊春

摄 / 崔林

秘境

摄 / 郭亮

多样

摄 / 崔林

共生

撮／崔林

抵达

序

　　高高的兴安岭，无边的大森林，黑龙江在这里回眸，大小兴安岭在这里交汇，白山黑水，莽莽林海，守护着黑龙江流域的自然生境。民谚称这里"棒打狍子瓢舀鱼，野鸡飞到饭锅里"；生态学者说这里是环北极代表物种——驼鹿分布的南界，第三纪森林——天然红松林分布的北界，资源富集，物种多样，是野生动植物的家园。这就是黑龙江省面积较大的森林生态类型自然保护区——黑龙江胜山国家级自然保护区。

　　黑龙江胜山国家级自然保护区位于黑龙江省黑河市爱辉区，2007年4月由国务院批准建立，总面积600平方千米。十多年来，胜山人和关心支持胜山发展的人从未停止过对胜山的保护与研究，但胜山的自然景观和珍稀野生动植物之前并没有得到系统完整地影像记录。在黑龙江省林业厅的支持下，胜山国家级自然保护区与北京自然之美影像生物调查所（IBE）牵手合作，分别于2017年5月、7月、10月和12月（春夏秋冬四季），四次深入原始森林无人区进行物种调查，翻山越岭、爬冰卧雪、风餐露宿，克服重重困难，首次对胜山的生物多样性进行了系统地、大规模地影像采集，获取了高品质的影像本底资料，为胜山国家级自然保护区今后的科研、保护和宣教工作积累了重要的基础素材。

依据此次综合调查结果编撰出版的《自然中国志·黑龙江胜山》，是胜山国家级自然保护区首次以影像手段来保护自然的重要尝试，旨在通过镜头和文字集中展现胜山优美的自然环境和富集的生物多样性。这里的每一张照片、每一段文字，不仅真实，还展示了自然之美；不仅"识草木鸟兽之名"，还体现人与自然和谐共生；不仅展示爱辉区大力推进生态文明建设和自然保护区建设的成果，还展示黑龙江人践行美丽中国的决心。衷心希望这本书的问世，能激发全社会对胜山的关爱、对自然的尊崇，让人们在了解胜山后，更加珍视胜山、呵护胜山。

胜山，需要您……

胜山，等您来……

黑龙江胜山国家级自然保护区管理局

郭建华

Catalogue

目录

01
——

Mysterious Land
秘境 · 016

02
——

Great Diversity
多样 · 030

摄/崔林

一 秘境

01

Mysterious
Land

秘境

一提到海洋，人们就立刻想到我国东边自北往南有渤海、黄海、东海和南海。一说到森林，马上就会想到我国内蒙古东部与东北东部山地的大林海。在东北地区从北往南分布着大兴安岭、小兴安岭、张广才岭到长白山的我国第一大国有林区。

打开《中国地图》，翻到黑龙江省，你就会看到我国最北的漠河县，在漠河县的西北有自西往东来的中俄界河——额尔古纳河，在洛古河村与从俄罗斯流来的石勒喀河汇合成黑龙

胜山自然保护区——祖国东北边境、小兴安岭西北的大林海　摄／崔林

江。黑龙江是我国有名的大河，也是我国与俄罗斯的大界河。它自西往东南奔流，流经一个很大的城市，那就是黑河市。在该市的爱辉区你将看到既不同于小兴安岭、又有别于大兴安岭的大森林，这就是黑龙江胜山国家级自然保护区。

胜山既有大兴安岭典型的大面积的兴安落叶松林、白桦林，以及落叶松与白桦成不同比例混生的混交林；又可见到小兴安岭典型的阔叶红松林、云杉林、蒙古栎林与水曲柳林；还有多种类型的灌丛、草塘、草甸与沼泽。植被景观多样，也养育了丰富的野生动物及真菌，包括众多珍稀、国家重点保护的种类。尤其引人注目的是，体型巨大的苔原生物驼鹿至此不再南行，而高大挺拔的红松于此也不再北扩。在这片纯净、原生态的神奇秘境，生命尽情生长、和谐共生，焕发着勃勃的生机与活力。

1. 走进胜山

胜山保护区位于北纬 49°25′~49°40′、东经 126°27′~127°02′ 的中高纬度地带。它成立于 2003 年 2 月，2007 年 4 月经国务院批准晋升为国家级自然保护区。这片 600 平方千米的林海绵延在黑河市爱辉区西南部，自西向东为嫩江县与孙吴县所环绕，出黑河市 100 千米，堪称黑河的"绿肺"与"天然大氧吧"。

从黑河市区沿着嫩黑公路（S301）向西南方向行驶 1 个小时左右，我们就进入了胜山保护区。这条省道从东北至西南贯穿整个保护区，沿途景色旖旎。逊河静静地在身边流淌，时左时右，一路接纳着密林深处汇成的股股清流，几乎与道路重合。视线向右是广阔的实验区，面积接近保护区的一半，主要供森林天然恢复，开展科研、教学与生态旅游，以及进行珍稀树种培育和野生动物繁殖；转向左边，隔着窄窄的缓冲区包围着的便是胜山的核心区，面积接近保护区的 1/3，林木葱茏、水草丰茂，是大片保存完好、很少有人为干扰的天然北温带针叶与阔叶林，栖息着众多珍稀的野生动植物。面积最小的缓冲区则对核心区起着屏障、保

繁星闪烁　摄 / 崔林

护与缓冲作用，可从事多种科研、调查及开展生态旅游。

2. 悠久、活跃的地质历史

6.35 亿年前（元古宙的震旦纪前），胜山所在区域就已经是一片地质活动强烈的地槽，在广阔区域内由花岗岩、片麻岩和混合岩构成了古老的褶皱基底。随后，大型沉积活动持续。直到寒武纪（5.41 亿~4.85 亿年前）末期，伴随着加里东运动，爱辉与毗邻区域大幅隆起，并伴随有火山喷发活动。泥盆纪末至早石炭纪初（3.83 亿~3.23 亿年前），海西运动的造山作用，使黑河地槽区封闭起来，成为大兴安岭—小兴安岭褶皱带的一部分。

海西运动晚期（2.99 亿~2.52 亿年前的石炭纪），海水入侵。因此，这里至今还残存有滨海相和潟湖型遗迹。此后，从三叠纪至中侏罗世（2.52 亿~1.64 亿年前），伴随着主导中国古生代地质变化的燕山运动，整个小兴安岭北西部长期隆起；隆起的同时也有深大断裂，地质活动极为强烈。6600 万年前至今的新生代，断裂进一步深化，同时，沿着断裂又有火山喷发，给这片区域留下了众多火山群。

如今，这里已归于平静，曾经的高山被剥蚀为平缓的低山丘陵。但当你剖开地层，你就会发现它那呈现波浪状下凹的复杂褶皱，地

胜山相对较平缓的地形　摄／崔林

质上称为复向斜，这是复杂地质构造活动的印证。复向斜一般由若干背斜与向斜组成，往往两侧较松散、中部较坚硬，容易剥落而成为平地或向斜山。另外，这里的岩石类型多样且分布广泛，并以富含钾、钠的碱性岩石居多。

3. 平缓的低山丘陵

无论从高空俯瞰，还是身处地面，胜山地貌给人的感觉总是平缓的：低山、缓丘、浑圆的山顶、开阔的河谷。这是这片大地历经数亿年地球内外活动塑造而形成的模样。

确实，这里的地貌十分平缓，其平均海拔仅有450米，相对高度更是不足200米，平均坡度也仅有10°；最高峰是位于保护区东南边缘、海拔753米的松木山。由于胜山位于纵贯黑龙江东北部的小兴安岭山地最北端，小兴安岭由北向南绵延于保护区的中西部，而东南部则属于结雅—布列亚凹陷（黑河盆地）的边缘。因

此，保护区呈现西北高、东南低的地势特点。

4. 四季更迭，气象万千

一说到东北，人们脑海中就会不由自主地浮现出一幅漫长寒冬里茫茫无际的林海雪原画面。实际上，东北的气候要丰富很多，位于祖国极北的黑龙江胜山也是如此。

这里北邻俄罗斯西伯利亚，南距西太平洋并不遥远，四季分明、冬长夏短，属温带大陆性季风气候。3月末4月初，冰封的河流终于完全解冻，春天总是那么姗姗来迟，还伴着猛烈的风，降水依旧很少，但从不远的太平洋洋面已经吹来了饱含温暖与湿润水汽的东南季风，风向也已经悄悄地转为偏南。伴随着太阳北归，日照渐长，东南季风的势力逐渐增强，至7~8月，万物生发绽放的夏天终于到来，夏季温暖、凉爽，日照充足，是胜山一年中最宜人、也最热闹的季节；同时，裹挟着丰富水汽的东南风带来源源不断的降水，降水量大而集中，营造出一片温润多雨的江南景象。

雨水丰沛的胜山之夏，令人犹如置身温润的亚热带森林
摄 / 崔林

但美好的时光总是短暂，随着夏至后太阳的远离，来自邻近西伯利亚与蒙古地区的冷空气开始酝酿，9月，秋天在不知不觉中来到，然而却最让人感叹瞬秋：一波波地降温，色彩将胜山装扮得美轮美奂，而后便是白霜凝结，霜打彩叶，叶渐渐凋零而归于泥土，寒冬到来了。在西伯利亚极地大陆性气团的影响下，冬天是如此地漫长、寒冷而干燥，日短夜长，凛冽的西北风呼啸，吹过雪白的大地和冰封的水面，时间仿佛也被冻结。

从四季变化的描述中，我们已经真切地感受了胜山的气象变换，而直观的数据则更能反映这里四季分明、冬长夏短、降水集中的气候特点。

气温

保护区年平均气温 –2℃，极端最低气温 –40℃，极端最高气温 36℃。1月份最冷，平均气温 –26℃；7月份最热，平均气温 18℃~19℃。通常一年中各月平均气温在 7月份以前逐月上升，从 8月份后就逐月下降。9月上旬一般便会迎来初霜，并一直持续到翌年 5月中旬，无霜期仅 80~90 天。同时，全年 ≧ 10℃年积温仅为 1600℃~1800℃，不足华北地区的一半，且封冻日期长达 210 天。因而，生物的生长期较短。

降水

保护区降水量充沛，年降水量 550~620 毫米，年平均降水 519.9 毫米。夏季 6~8月是降水

漫长、寂寥的胜山之冬，也不乏雾凇美景，宛若童话世界
摄 / 崔林

集中期，占全年降水量的 65.7%，秋季次之，春季少而旱，冬季则呈降雪形式，降雪量并不很大。7 月份为全年降水量峰值月，其平均降水量可达 135.6 毫米；1 月份为全年降水量低值月，平均仅为 2.2 毫米。但年蒸发量高达 850~1200 毫米，超出年降水量一倍。保护区年积雪期为 10 月至翌年 4 月，最大积雪深度 33 厘米。

光照

由于地处中高纬度，保护区昼夜时长变化大。冬至前后昼最短，仅 7 小时 57 分，夜长 16 小时 3 分；夏至前后则昼最长，可达 16 小时 27 分，夜长仅为 7 小时 33 分。

伴随着昼夜长短的变化，保护区日照时数夏长冬短，辐射强度也是夏强冬弱。年日照时数 2500~2600 小时；12 月份日照时数最少，仅 156.2 小时；6 月份最多，达 282.4 小时。然而，虽然夏季比冬季日照时间长，但由于正处雨季，云量多，日照百分率反而少于冬季。

风

保护区冬季盛行西北风，夏季东南风概率较高，春季则西南风相对多一些。年平均风速 3.7 米 / 秒（3 级）；春季最大月份大概为每年 4 月份。由于每年 4、5 月份多大风，当开阔的灌草地化雪后，地面覆盖的枯枝落叶与杂草容易引发火灾，大风助长火势，极易造成森林大火。

逊河，胜山森林的血脉　摄／崔林

5. 逊河，流动的"生命网"

胜山保护区内河流密布，支流纵横，泡沼众多，水资源十分丰富。小红河、南河、烟火砬子沟、黑瞎沟、果松沟等源头支流汇成黑龙江的一级支流——逊河，由西向东蜿蜒穿过。虽然胜山的夏季雨量大，但逊河却是一条水位变幅较小、较为安静的河流。因为这里地势较缓，枯落物层厚，林地可吸纳大部分降雨，使地表径流速度大大减弱；同时，河流两侧多为平坦的低地，低洼处常年积水，由于冻层的作用，土壤下层透水性差，形成了大面积的沼泽、草甸和草塘，可吸纳雨水，既消除了山洪，又保证了河流水位不会暴涨。

除了储水丰富的地表水系，胜山的地下水含量也十分丰富。山区的花岗岩等岩浆岩风化强烈、裂隙发育，可储存裂隙水，并补给河谷，这在旱季表现尤为明显。此外，上游的松散岩类孔隙水和碎屑岩裂隙水，主要分布于山间河谷之中，可补给河漫滩与阶地。当然，除了岩石中储存的裂隙水，保护区遍布的沼泽、水泡与草甸都是"储水池"，也能较好地补给地下水。

胜山茂密的森林充分吸纳了雨露与甘霖，涵养出这一片洁净、丰盈的水源地；反过来，这片枝杈纵横的逊河源头，也交织出充满活力的"生命网"，源源不断地给胜山的生命带来滋养。

6. 茂密的森林下，肥沃的暗棕壤

中国幅员辽阔，气候多样，分布着各不相同的植被，也形成了与此相适应的、各具特色的土壤。不同气候区都有其最具代表性的植被

塔头沼泽 摄 / 崔林

与土壤类型，即地带性的植被及土壤，比如在胜山就分布着以兴安落叶松与红松为主的针阔叶混交林以及肥沃的暗棕壤。

暗棕壤作为胜山的地带性土壤，其分布面最广，面积最大，占保护区总面积的 90%。在温带湿润的季风气候下，茂密的针阔混交林覆盖在低山丘陵中，秋天大量的枯落物凋落，它们被微生物与真菌分解并转化为深厚而肥沃的腐殖质，呈弱酸性，并伴随有强烈的淋溶，经年累月便会形成肥力较好、兼具良好透气与透水性的暗棕壤，有利于树木的生长。

而在地势低平、有阶段性积水的草甸，土层极厚，质地黏重，下层有时具有青灰色的潜育层，肥力也高，则属于暗棕壤的亚类——草育层，肥力也高，则属于暗棕壤的亚类——草甸暗棕壤。

此外，由于地形、母质、水文与植被等局部地方性的差异，胜山也有非地带性的土壤类型分布，主要为草甸土、沼泽土、泥炭土、黑钙土与石质土等。

在地势低平、地下水位高、土壤含水量大的草甸，各种草本植物生长茂密（以苔草、禾草为主），色彩斑斓，形成了腐殖质层厚达 20厘米以上、有机质含量高达 10% 的草甸土，过去在东北林区常被开垦为农田。

沼泽土，顾名思义，主要分布于沼泽地带。而胜山的沼泽与众不同，多为塔头沼泽。在积水的低洼地带苔草丛生，草根紧密盘结，冬季草叶枯死，翌春还未来得及分解，新草又开始茂密地生长，形成一处处塔头，也叫塔墩子。由于土壤排水不良，土壤质地黏重，苔草枯死后，根

美丽的孔雀蛱蝶停息在覆盖着绿色苔藓和白色地衣的岩石表面，苔藓与地衣这类敏感生物的存在折射出胜山良好的生态环境和丰富的生物多样性　摄／郭亮

系不易分解，因此土壤养分不高，但对于含蓄水源意义非凡。

泥炭土是在长期低温和积水的条件下形成的。腐殖质在缺氧环境下不能分解，越积越厚便形成富含泥炭层的泥炭土。泥炭层有很高的含水量，厚度可达 50 厘米以上，地表常年生长泥炭藓与金发藓。黑土在保护区内呈条带状分布在平缓岗地，有良好的禾草及部分灌木生长，土壤深厚、排水良好，腐殖质含量高，是很好的农耕地。

此外，保护区内还有面积不大的石质土，土体中常有不同含量的粗粒与粉粒，含水率低。由于是新生土，土层缺乏腐殖质层，肥力低，植被一旦被破坏，便极易造成水土流失。

7. 多姿多彩的胜山生命

生物群落和生态环境之间相互作用构成了生态系统。自然界一定的植物种类适应特定的环境结合在一起，成为一个有规律的组合，从而形成特定的植被。可见，植被是与生境相统一的，植被的多样也反映出生境的多样，是构成生物多样性的基础。

在胜山，我们可以看到多样的生态系统，即多样的植被类型（具有多样的生境），包括森林（含灌丛）、湿地、草甸与草地、河泡等。就森林植被来说，由于微环境的差异，生长着不同的生物群落，以优势树种来划分，包括 10 种类型：云杉林；以红松为主伴生水曲柳、紫椴、五角枫、枫桦等阔叶树种的阔叶红松林；兴安

五花草塘　摄／崔林

落叶松林；白桦林；落叶松与白桦混交林；枫桦林；黑桦林；蒙古栎林；水曲柳、胡桃楸混交林；灌丛（榛子灌丛、蒿柳灌丛等）。

多样的生境孕育了胜山极为丰富的物种。调查结果显示：这里共有生物物种2053种，其中高等植物896种，占黑龙江省植物种数的42.67%，其中维管束植物772种，占小兴安岭维管束植物的73.6%，包括32种蕨类及737种被子植物。

保护区内有鸟类47科、214种，其中夏候鸟119种，冬候鸟12种，留鸟45种，旅鸟35种。有兽类16科、48种，爬行类4科、11种，两栖类5科、9种，鱼类14科、57种，昆虫51科、330种，真菌61科、429种，土壤动物36科、59种。

在保护区分布的众多生物中，特别要指出的是，其中有不少珍稀、濒危的物种。其中属于国家二级重点保护野生植物的7种：分别是红松、水曲柳、黄檗、紫椴、钻天柳、野大豆、浮叶慈姑。属于国家一级、二级重点保护野生动物的共计48种。其中，属于国家重点保护的兽类10种，包括一级保护的紫貂、原麝及二级保护的豺、棕熊、黑熊、猞猁、驼鹿、马鹿、水獭、雪兔。此外，还有黑嘴松鸡、金雕、白头鹤、东方白鹳、黑琴鸡、花尾榛鸡等国家重点保护野生鸟类。

8. 时间与空间，交织生命景观之美

胜山植被分布多样，从山顶向下俯瞰，犹如一幅多彩的画卷。山坡上分布着耐旱的蒙古栎、多种榆树、兴安落叶松；坡下分布着红松、

水曲柳、胡桃楸、多种桦木；在平坦的阶地与谷地则是云杉、槭类、多种柳树的地盘；再看排水不畅的地方，是禾草、苔草组合的草甸；而低洼的地方常年积水，主要是生长着塔头苔草、水藓等的沼泽。

从时间上，随着季节的更替，植被的季相也随之变化。胜山地处北纬49°，冬天是极其漫长的，从每年的10月至翌年的4月达半年之久。在此期间，大地被霜雪染白，远看山舞银蛇，可是不畏寒冷的红松、云杉仍然披着绿装，挺拔在山坡、山谷之中，突显它们高大的英姿。春天，胜山雪化、河开，柳树、落叶松吐出翠绿的新叶，与斑斑点点深绿的红松、云杉镶嵌在一起，林间林下的箭报春、兴安杜鹃、丁香、稠李与绣线菊等草灌层也渐次开花，铺展出一幅清新、美丽的画面。6至8月，夏天吹来暖湿的东南季风，山林一片浓绿，而五花草塘最为夺目，各式草花盛开，引来蝴蝶、蜜蜂等昆虫，多么热闹。秋天，阔叶树叶变黄、变红，闪耀着绚烂的色彩，针叶树林中落叶松也跟着变化，只有红松、云杉依然常绿，定格着不老的容颜。

9. 时光之旅，看见森林的成长

植物有循环往复的四季变化，而在更长的时光中，森林也在成长、演变，形成群落的更替，一个群落被另一个群落所取代，这就是演替。胜山珍贵的红松林就是经过近百年的多次演替才形成的。

现在，不妨让我们进行一次时光的旅行，来体会森林的成长：当胜山原有森林经过皆伐（砍光）或严重火烧后，一片荒芜、了无生机，仿佛生命已然逝去，但重生其实已经开始酝酿。由于土壤中还有树木的种子未被烧光，白桦树与山杨的根也没被烧死或清除，于是在此后一两年，幼苗从土壤、树基部和根上重新长出来。由于它们是喜光速生树种，很快就能形成天然次生林；同时生境也得到了改造，使干旱的裸地变得湿润，林下光照也变少了。

于是，较耐阴且喜肥的水曲柳、胡桃楸、槭树以及油松等的幼苗幼树在杨桦林下得以发生与成长。杨、桦虽然生长快，但寿命短、衰退快，到三四十年时就过了速生期，七八十年时就趋于枯死，而红松与它的伴生树种水曲柳、胡桃楸正是壮年，生长已超过了杨、桦。约在八十年后，杨桦次生林退出舞台，走向枯死，由红松和胡桃楸、水曲柳等慢生树种形成阔叶红松林。

10. 胜山，因红松而独一无二

胜山，是中高纬度生命栖息的秘境，而生长在这里的红松则赋予了胜山特别的意义与独一无二的价值。这里是红松在全球分布的最北界，也就是说红松的分布止步于胜山，止步于北纬49°25′，放眼全球，以北便再也看不到它的身影。

红松到底是怎样的一种植物，胜山缘何能成为它的最北分布地呢？

红松，学名 *Pinus koraiensis*，松科松属的

粗壮、挺拔的红松是胜山植被演替的最终赢家　摄 / 郭亮

常绿大乔木，可生长达 50 米高，1 米粗，因树皮脱落后露出红褐色的内皮而得名红松。它的针叶 5 针合并为一束，长 6~12 厘米，粗、硬而直，呈深绿色。6 月，在新枝的下部开出穗状的雄花，一般由几个红黄色的椭圆状雄球花集合而成；而在新枝的顶部则生长着褐绿色的雌球花。经过风吹授粉，红松的后代便开始孕育，不过，果实的成长极为缓慢，球果一直要到第二年的 9~10 月才能成熟；红松的种子个大饱满，是食用松子的最主要来源。

红松原产亚洲，主要分布在中国东北、朝鲜半岛、蒙古以及俄罗斯远东地区的温带森林中，从它的拉丁名种加词 *koraiensis* 以及英文名 the Korean pine 就可窥见一斑。红松在我国的主要分布地是小兴安岭，是小兴安岭的标志性建群物种，小兴安岭也被誉为"红松故乡"。胜山作为小兴安岭最北端的重要组成部分，红松自然可以生长，但越过胜山向北，由于自然条件的改变，红松便消失不见了。放眼其在全球的分布，胜山的纬度最高，因为这里已是红松适应环境的极限。

近年来，随着全球气候变暖，冰川融化、极端天气增多等现象时常出现在新闻报道中。随着温度的上升，生物也会发生响应，其分布会更广，但这种变化并不会很快显现，需要进行长期的监测与研究。因此，要了解红松的分布对全球变暖的响应，胜山是绝佳的场所，对科研来说有着特别重要的价值。

摄 / 郭亮

一

02 多

样

Great
Diversity

黑龙江胜山保护区物种索引

真菌与植物

Fugus and Plant

　　胜山国家级自然保护区处于高纬度地区，冬季漫长，夏季短促。整个东北地区植物多样性相对较低，但是胜山保护区具有森林、灌丛、沼泽、草甸、草塘5种植被型，9种植被亚型，特别是拥有保存完好的红松原始林，植物种类丰富。其中有高等植物896种，隶属于146科，393属，其所占黑龙江省植物种（2100余种）、科（183科）、属（737属）的比例分别为42.67%、79.78%、53.32%。其中维管植物 772种，隶属于101科、308属，蕨类、裸子及被子植物分别为30种、5种及737种。此外，保护区内还有真菌23目、61科、429种。

　　在2017年对本地区进行的生物多样性调查过程中，共记录到维管植物220种，隶属于69科、177属，其中蕨类植物5科、5属、7种，裸子植物1科、3属、4种，种子植物63科、169属、209种。物种数前五的科分别是菊科（33种）、蔷薇科（14种）、毛莨科（13种）、禾本科（11种）、豆科（9种）、唇形科（9种）。其中，国家二级保护植物2种，分别是野大豆和黄檗，此外还发现著名的早春观花植物侧金盏花。

真菌及植物摄影（按图片数量排序）：崔林　朱仁斌　郭亮　郭建华　郑运祥

01

—

灵芝
Ganoderma Lucidum

多孔菌目　Polyporales
灵芝科　Ganodermataceae

特征　子实体常较大。菌盖直径 5~15 厘米，厚近 1 厘米；半圆形、肾形或近圆形；木栓质，红褐色而有光泽，具有环状棱纹和辐射状皱纹，边缘薄而常内卷。菌肉白色至淡褐色；菌柄侧生或稍偏生，紫褐色，有光泽；孢子褐色，卵形。可药用。

环境　常生于阔叶树的木桩旁，使木材白色腐朽。

02

—

松杉树芝
Ganoderma tsugae

多孔菌目　Polyporales
灵芝科　Ganodermataceae

特征　子实体常中等。菌盖直径 6.5~21 厘米，厚 0.8~2 厘米；半圆形、肾形；木栓质，呈亮红色而有光泽，没有环纹带，边缘有棱纹。菌肉白色，厚 0.5~1.5 厘米；菌柄短而粗，有漆壳，侧生或偏生；孢子内壁刺显著，卵形。

环境　常生于松、杉树干的基部或树根上，使木材白色腐朽。

03

—

猴头菌
Hericium erinaceus

红菇目　Russulales
猴头菌科　Hericiaceae

特征　别称猴头菇，子实体常较大，可达 30 厘米。外形呈扁半球形或头状，由无数细长下垂的肉质软刺组成，长 1~3 厘米，新鲜时白色，后变浅黄至浅褐色。孢子无色，光滑，含油滴，球形或近球形，是珍贵的食用菌。

环境　秋季常生在栎等阔叶树干或腐木上，有时也生于倒木。

04

—

木耳
Auricularia auricula-judae

木耳目　Auriculariales
木耳科　Auriculariaceae

特征　别称黑木耳，子实体较小，直径 2~12 厘米。浅圆盘形、耳形或较不规则；胶质，红褐色或棕褐色，新鲜时软，干后收缩。外面有短毛，青褐色。人工栽培为常见食用菌。

环境　密集成丛生长在栎、榆、杨树等阔叶树或冷杉等针叶树及朽木上。

05

—

毛木耳
Auricularia polytricha

木耳目　Auriculariales
木耳科　Auriculariaceae

特征　子实体比木耳大，直径 2~15 厘米。浅圆盘形、耳形或不规则形，有明显基部；胶质，无柄，紫灰色，新鲜时软，干后收缩。外面有较长绒毛，无色，仅基部褐色，常成束生长；孢子无色，光滑，弯曲，圆筒形；亦可食用，口感较木耳脆。

环境　丛生在柳树、刺槐、桑树等多种树干或是腐木上。

06

—

桂花耳
Dacryopinax spathularia

花耳目　Dacrymycetales
花耳科　Dacrymycetaceae

特征　子实体微小，高 0.6~1.5 厘米。匙形或鹿角形，上部常不规则裂成叉状，橙黄色，干后橙红色。有细绒毛，基部近褐色，延伸入腐木裂缝中；孢子 2 个，无色，光滑；虽然颜色鲜艳，却可食用，富含类胡萝卜素。

环境　常在春至秋天成群丛生长于杉木等针叶树木桩或倒腐木上。

01

—

木贼
Equisetum hyemale

木贼科　Equisetaceae
木贼属　*Equisetum*

特征　大型蕨类植物。根茎黑棕色，常横生或直立。地上枝为多年生，绿色，枝一型，通常不分枝，但有些基部会生少量直立侧枝；地上枝通常有脊 16~22 条；鞘筒黑棕色，或在顶部及基部各有一圈黑棕色，或仅顶部有一圈；有鞘齿 16~22 枚；顶端与下部有别，顶端为淡棕色，膜质，芒状，早落，下部则为黑棕色，薄革质，宿存或同鞘筒一起早落。孢子囊穗呈卵状，顶端有小尖突，无柄。
环境　生于向阳砂质地或山坡草地。

02

—

披散木贼
Equisetum diffusum

木贼科　Equisetaceae
木贼属　*Equisetum*

特征　中小型植物。根茎横走，黑棕色；地上枝当年枯萎；枝一型，高 10~30（70）厘米，绿色，但下部 1~3 节节间黑棕色，分枝多。主枝有脊 4~10 条，脊两侧隆起成棱，每棱各有一行小瘤，鞘筒狭长，鞘齿 5~10 枚，披针形，黑棕色；侧枝纤细，较硬，圆柱状，有脊 4~8 条。孢子囊穗圆柱状，长 1~9 厘米，成熟时柄伸长。
环境　喜生于林下、河边等阴湿的环境，海拔可达 3400 米，分布广泛。

03

—

问荆
Equisetum arvense

木贼科　Equisetaceae
木贼属　*Equisetum*

特征　中小型蕨类植物。根茎黑棕色，斜生，或直走或横生；地上枝当年枯萎；枝二型，能育枝在春季先发，黄棕色，高 5~35 厘米，鞘筒则为栗棕色或淡黄色，鞘齿栗棕色，呈狭三角形。不育枝虽后萌发，但高度可达 40 厘米，鞘齿也是三角形，宿存。侧枝扁平，纤细柔软。孢子囊穗为圆柱形，顶端钝，柄在成熟时可伸长。
环境　常见于河道沟渠旁、疏林、荒野和路边，潮湿的草地、沙土地、耕地、山坡及草甸等处。

01
—

蕨
Pteridium aquilinum var. latiusculum

碗蕨科　Dennstaedtiaceae
蕨属　*Pteridium*

特征　蕨类植物，植株高可达 1 米。根状茎长而横走，密被锈黄色柔毛，后逐渐脱落。叶柄长 20~80 厘米，褐棕色或棕禾秆色；叶片三角形，长 30~60 厘米，宽 20~45 厘米，三回羽状；羽片 4~6 对；叶脉稠密，仅下面明显。叶干后近革质或革质，暗绿色，上面无毛，下面在主脉上多少被棕色或灰白色的疏毛或近无毛。叶轴及羽轴均光滑，小羽轴上面光滑，下面被疏毛，各回羽轴上面均有深纵沟 1 条，沟内无毛。本种根状茎富含淀粉，称蕨粉，可食用。

环境　生山地阳坡及森林边缘阳光充足的地方，海拔 200~830 米。

02
—

东北蹄盖蕨
Athyrium brevifrons

蹄盖蕨科　Athyriaceae
蹄盖蕨属　*Athyrium*

特征　蕨类植物。根茎短小，直走或斜长，先端和叶柄基部密被大鳞片，披针形，深褐色；叶簇生。叶长 35~120 厘米；叶片卵形至卵状披针形，二回羽状。叶干后褐绿色，坚草质；叶轴和羽轴下面淡褐禾秆色或带淡紫红色，疏被棘头状短腺毛。孢子囊群生于基部上侧小脉，长圆形、弯钩形或马蹄形；囊群盖同形，膜质，浅褐色，宿存。

环境　生针阔叶混交林下或阔叶林下，海拔 300~2010 米。

03
—

香鳞毛蕨
Dryopteris fragrans

鳞毛蕨科　Dryopteridaceae
鳞毛蕨属　*Dryopteris*

特征　小型蕨类植物，植株高约 20~30 厘米。根状茎直立或斜升，顶端连同叶柄基部密被红棕色、膜质的鳞片。叶簇生，叶柄禾秆色，有沟槽，仅长 1~2 厘米；叶片长圆披针形，长 10~25 厘米，中部宽约 2~4 厘米，二回羽状至三回羽裂，羽片约 20 对。叶草质，干后上面褐色，下面棕色，两面光滑，沿叶轴与羽轴被亮棕色披针形鳞片和腺体，叶脉羽状，两面不显。孢子囊群圆形，背生于小脉上；囊群盖膜质，圆形至圆肾形，较大，成熟后彼此靠近并往往伸出叶边之外，背面具腺体。

环境　生于林下，海拔 700~2400 米。

01
—

东北多足蕨
Polypodium virginianum

水龙骨科　Polypodiaceae
多足蕨属　*Polypodium*

特征　附生蕨类植物。根状茎横走，密被暗棕色披针形鳞片。叶柄禾秆色，长5~8 厘米，无毛；叶片长 10~20 厘米，长椭圆状披针形，羽状深裂或基部为羽状全裂。叶片近革质，干后两面光滑无毛，上面灰绿色，背面黄绿色。叶脉分离，侧脉顶端具水囊，不达叶边。孢子囊群在裂片中脉两侧各 1 行，靠近裂片边缘着生，圆形，无盖。

环境　附生树干上或石上。

02
—

兴安落叶松
Larix gmelinii

松科　Pinaceae
落叶松属　*Larix*

特征　乔木，高达 30 米，胸径达 1 米。树皮灰色、暗灰色、灰褐色，纵裂成长鳞片状翅离，易剥落，剥落后呈绛紫红；当年生长枝淡红褐色或淡褐色；短枝深灰色。冬芽淡褐色，顶芽卵圆形，芽鳞膜质。叶倒披针状条形，长 1.5~2.5 厘米，下面中脉隆起，两边各有 2~5 条气孔线。球果成熟前淡红紫色或紫红色，熟时淡褐色，或稍带紫色，长卵圆形；种子近倒卵圆形，淡黄白色或白色，具不规则紫色斑纹，有种翅。花期 5 月，球果 9~10 月成熟。

环境　海拔 500~1800 米湿润山坡及沼泽地区，在气候温寒、土壤湿润的灰棕色森林土地分布普遍。

03
—

红皮云杉
Picea koraiensis

松科　Pinaceae
云杉属　*Picea*

特征　乔木，高达 45 米，胸径达 1 米。树皮淡灰褐色或淡褐灰色，裂成不规则鳞片或稍厚的块片脱落。冬芽圆锥形，有树脂，基部膨大。主枝枝叶辐射伸展，侧枝上面枝叶向上伸展，下面及两侧枝叶向上方弯伸，四棱状条形。球果圆柱状矩圆形或圆柱形；成熟前绿色，熟时淡褐色，长 5~16 厘米，直径 2.5~3.5 厘米；种子倒卵圆形，连翅长约 1.5 厘米，种翅淡褐色。花期 4~5 月，球果 9~10 月成熟。

环境　喜欢凉爽湿润的气候和肥沃深厚、排水良好的微酸性沙质土壤。

01
—

红松
Pinus koraiensis

松科　Pinaceae
松属　*Pinus*

特征　乔木，高达 50 米，胸径 1 米。树皮灰褐色或灰色，纵裂成不规则的长方鳞状块片，裂片脱落后露出红褐色的内皮；一年生枝密被黄褐色或红褐色柔毛。冬芽淡红褐色，矩圆状卵形，芽鳞排列较疏松。针叶 5 针一束，长 6~12 厘米，粗硬，直，深绿色；背面通常无气孔线，腹面每侧具 6~8 条淡蓝灰色气孔线。雄球花椭圆状圆柱形，红黄色，多密集于新枝下部成穗状；雌球花绿褐色，圆柱状，直立，单生或数个集生于新枝近顶端。球果圆锥状卵圆形、圆锥状长卵圆形或卵状矩圆形，成熟后种鳞不张开或微张开，但种子不脱落；种子大，暗紫褐色或褐色，倒卵状三角形。花期 6 月，球果第二年 9~10 月成熟。国家二级保护植物。

环境　海拔 150~1800 米，气候温寒、湿润的棕色森林土地带。

02
—

樟子松
Pinus sylvestris var. *mongolica*

松科　Pinaceae
松属　*Pinus*

特征　乔木，高达 25 米，胸径达 80 厘米。树皮厚，下部灰褐色或黑褐色，深裂成不规则的鳞状块片脱落，上部树皮及枝皮黄色至褐黄色，内侧金黄色，裂成薄片脱落；一年生枝淡黄色；冬芽褐色，长卵圆形，有树脂。针叶 2 针一束，硬直，常扭曲，长 4~9 厘米，先端尖、边缘有细锯齿，两面均有气孔线。雄球花圆柱状卵圆形，聚生新枝下部；雌球花淡紫褐色。球果卵圆形或长卵圆形，种鳞多反曲，熟时淡灰褐色；种子黑褐色，长卵圆形或倒卵圆形，微扁，有翅。花期 5~6 月，球果第二年 9~10 月成熟。

环境　海拔 400~900 米，土壤水分较少的山脊及向阳山坡，以及较干旱的砂地及石砾砂土地区。

03
—

北重楼
Paris verticillata

藜芦科　Melanthiaceae
重楼属　*Paris*

特征　多年生草本，植株高 25~60 厘米。根状茎细长。叶（5~）6~8 枚轮生，披针形至倒卵状披针形，长（4~）7~15 厘米，宽 1.5~3.5 厘米，先端渐尖，具短柄或近无柄。花梗长 4.5~12 厘米；外轮花被片绿色，叶状，通常 4（~5）枚，纸质，平展，倒卵状披针线，先端渐尖；内轮花被片黄绿色，条形，长 1~2 厘米；子房近球形，紫褐色，花柱具 4~5 分枝并向外反卷。蒴果浆果状，不开裂。花期 5~6 月，果期 7~9 月。

环境　生于山坡林下、草丛、阴湿地或沟边。

01

—

有斑百合
*Lilium concolor var.
pulchellum*

百合科　Liliaceae
百合属　*Lilium*

特征　多年生草本。鳞茎卵球形，上方茎上有根。叶散生，条形，长 3.5~7 厘米，宽 3~6 毫米，脉 3~7 条。花 1~5 朵排成近伞形或总状花序；花直立，星状开展，深红色，有斑点，花被片矩圆状披针形，雄蕊向中心靠拢。蒴果矩圆形。花期 6~7 月，果期 8~9 月。

环境　生于阳坡草地和林下湿地，海拔 600~2170 米。

02

—

北黄花菜
Hemerocallis lilioasphodelus

阿福花科　Asphodelaceae
萱草属　*Hemerocallis*

特征　多年生草本，根稍肉质。叶长 20~70 厘米，宽 3~12 毫米。花序分枝，常为假二歧状的总状花序或圆锥花序，具 4 至多朵花；花被淡黄色，花被管一般长 1.5~2.5 厘米，花被裂片长 5~7 厘米。蒴果椭圆形。花果期 6~9 月。

分布及环境　生于海拔 500~2300 米的草甸、湿草地、荒山坡或灌丛下。

03

—

玉蝉花
Iris ensata

鸢尾科　Iridaceae
鸢尾属　*Iris*

特征　多年生草本，植株基部围有叶鞘残留的纤维。叶条形，长 30~80 厘米，宽 0.5~1.2 厘米。花茎高 40~100 厘米，有 1~3 枚茎生叶；花深紫色，直径 9~10 厘米，花被管漏斗形，外花被裂片倒卵形，中央下陷呈沟状，中脉上有黄色斑纹。蒴果长椭圆形，顶端有短喙。花期 6~7 月，果期 8~9 月。

环境　生于沼泽地或河岸的水湿地。

04

—

紫苞鸢尾
Iris ruthenica

鸢尾科　Iridaceae
鸢尾属　*Iris*

特征　多年生草本，植株基部围有短的鞘状叶。根状茎斜伸，节明显。叶条形，有 3~5 条纵脉。花茎纤细，略短于叶；苞片 2 枚，膜质，绿色，边缘带红紫色；花蓝紫色，外花被裂片倒披针形，长约 4 厘米，有白色及深紫色的斑纹。蒴果球形或卵圆形，6 条肋明显，顶端无喙。花期 5~6 月，果期 7~8 月。

环境　生于向阳沙质地或山坡草地。

01
——

绥草
Spiranthes sinensis

兰科　Orchidaceae
绥草属　*Spiranthes*

特征　多年生草本，植株高 13~30 厘米。根数条，指状，肉质。叶片宽线形或宽线状披针形，长 3~10 厘米。总状花序具多数密生的花，呈螺旋状扭转；子房纺锤形，扭转；花小，紫红色、粉红色或白色，在花序轴上呈螺旋状排生，唇瓣宽长圆形，前半部边缘具强烈皱波状齿。花期 7~8 月。

环境　生于海拔 200~3400 米的山坡林下、灌丛下、草地或河滩沼泽草甸中。

02
——

野韭
Allium ramosum

石蒜科　Amaryllidaceae
葱属　*Allium*

特征　多年生草本。鳞茎近圆柱状，鳞茎外皮破裂成纤维状或网状。叶三棱状条形，背面具呈龙骨状隆起的纵棱，中空。花葶高 25~60 厘米，下部被叶鞘，总苞宿存；伞形花序半球状或近球状，多花，小花梗近等长；花白色，花丝等长，基部合生并与花被片贴生。花果期 6 月底到 9 月。

环境　生于海拔 460~2100 米的向阳山坡、草坡或草地上。

03
——

铃兰
Convallaria majalis

天门冬科　Asparagaceae
铃兰属　*Convallaria*

特征　多年生草本，高 18~30 厘米，常成片生长。叶椭圆形或卵状披针形，长 7~20 厘米，宽 3~8.5 厘米。花葶稍外弯，花梗近顶端有关节，果熟时从关节处脱落；花白色，裂片卵状三角形。浆果直径 6~12 毫米，熟后红色。花期 5~6 月，果期 7~9 月。

环境　生于阴坡林下潮湿处或沟边，海拔 850~2500 米。

04
——

鹿药
Maianthemum japonicum

天门冬科　Asparagaceae
舞鹤草属　*Maianthemum*

特征　多年生草本，植株高 30~60 厘米，根状茎横走。叶纸质，卵状椭圆形或矩圆形，先端近短渐尖，两面疏生粗毛或近无毛。圆锥花序有毛，具 10~20 朵花；花白色，花被片分离或仅基部稍合生，矩圆形或矩圆状倒卵形，柱头几不裂。浆果近球形，熟时红色。花期 5~6 月，果期 8~9 月。

环境　生于林下阴湿处或岩缝中，海拔 900~1950 米。

01

——

舞鹤草
Maianthemum bifolium

天门冬科　Asparagaceae
舞鹤草属　*Maianthemum*

特征　多年生草本。根状茎细长。基生叶有长达 10 厘米的叶柄，到花期已凋萎；茎生叶通常 2 枚，三角状卵形，基部心形。总状花序直立，有 10~25 朵花，花序轴有柔毛或乳头状突起；花白色，直径 3~4 毫米，单生或成对。浆果直径 3~6 毫米。花期 5~7 月，果期 8~9 月。

环境　生高山阴坡林下。

02

——

二苞黄精
Polygonatum involucratum

天门冬科　Asparagaceae
黄精属　*Polygonatum*

特征　多年生草本。根状茎细圆柱形，茎高 20~50 厘米。叶互生，卵形至矩圆状椭圆形，先端短渐尖。花序具 2 花，总花梗长 1~2 厘米，顶端具 2 枚叶状苞片；花被绿白色至淡黄绿色，全长约 2.3~2.5 厘米，裂片长约 3 毫米。浆果具 7~8 颗种子。花期 5~6 月，果期 8~9 月。

环境　生林下或阴湿山坡，海拔 700~1400 米。

03

——

黄精
Polygonatum sibiricum

天门冬科　Asparagaceae
黄精属　*Polygonatum*

特征　多年生草本。根状茎圆柱状，结节膨大；茎高 50 厘米以上，有时呈攀援状。叶轮生，每轮 4~6 枚，条状披针形，先端拳卷或弯曲成钩。花序通常具 2~4 朵花，似伞形；花被乳白色至淡黄色，全长 9~12 毫米，裂片长约 4 毫米。浆果黑色，具 4~7 颗种子。花期 5~6 月，果期 8~9 月。

环境　生林下、灌丛或山坡阴处，海拔 800~2800 米。

04

——

玉竹
Polygonatum odoratum

天门冬科　Asparagaceae
黄精属　*Polygonatum*

特征　多年生草本。根状茎圆柱形，茎高 20~50 厘米。叶互生，椭圆形至卵状矩圆形，长 5~12 厘米，下面带灰白色。花序具 1~4 花；花被黄绿色至白色，全长 13~20 毫米，花被筒较直，裂片长约 3~4 毫米。浆果蓝黑色，具 7~9 颗种子。花期 5~6 月，果期 7~9 月。

环境　生林下或山野阴坡，海拔 500~3000 米。

01
—

鸭跖草
Commelina communis

鸭跖草科　Commelinaceae
鸭跖草属　*Commelina*

特征　一年生披散草本。茎匍匐生根，多分枝。叶披针形至卵状披针形，长 3~9 厘米，宽 1.5~2 厘米。总苞片佛焰苞状，折叠状，展开后为心形；聚伞花序；花瓣深蓝色，内面 2 枚具爪；蒴果椭圆形。花期 6~9 月，果期 9~10 月。

环境　多生于湿地。

02
—

黑三棱
Sparganium stoloniferum

香蒲科　Typhaceae
黑三棱属　*Sparganium*

特征　多年生水生或沼生草本。块茎膨大，根状茎粗壮；茎直立，挺水；叶片长条形，上部扁平，下部背面呈龙骨状凸起，或呈三棱形。圆锥花序开展，具 3~7 个侧枝，每个侧枝上着生 7~11 个雄性头状花序和 1~2 个雌性头状花序。果实长 6~9 毫米，倒圆锥形。花果期 5~10 月。

环境　生于海拔 1500 米以下的湖泊、河沟、沼泽、水塘边浅水处。

03
—

尖嘴薹草
Carex leiorhyncha

莎草科　Cyperaceae
薹草属　*Carex*

特征　根状茎短，木质。秆丛生，三棱形；叶短于秆，平张，其顶端截形。苞片刚毛状，下部 1~2 枚叶状，长于小穗。小穗多数，卵形，长 5~12 毫米。雄花鳞片长圆形；雌花鳞片卵形。果囊长于鳞片，披针状卵形或长圆状卵形。小坚果疏松地包于果囊中，椭圆形或卵状椭圆形。花果期 6~7 月。

环境　生于山坡草地、林缘、湿地或路旁，海拔 200~2000 米。

04
—

柯孟披碱草
Elymus kamoji

禾本科　Poaceae
披碱草属　*Elymus*

特征　秆直立或基部倾斜。叶鞘外侧边缘常具纤毛；叶片扁平。穗状花序长 7~20 厘米，弯曲或下垂；小穗绿色或带紫色；外稃披针形，具有较宽的膜质边缘，芒粗糙，劲直或上部稍有曲折，长 20~40 毫米；内稃约与外稃等长，先端钝头，脊显著具翼，翼缘具有细小纤毛。

环境　多生长在海拔 100~2300 米的山坡和湿润草地。

01
—

披碱草
Elymus dahuricus

禾本科　Poaceae
披碱草属　*Elymus*

特征　多年生草本植物。秆直立，基部膝曲，疏丛。叶片有时为粉绿色，扁平，稀可内卷，上面粗糙，下面光滑；叶鞘光滑无毛。穗状花序较紧密且直立，穗轴边缘生小纤毛；小穗先为绿色，成熟后则为草黄色，含 3~5 朵小花；颖披针形或线状披针形，先端具短芒，外稃披针形密生短小的糙毛，先端延伸成粗糙的芒，芒成熟后向外展开；内外稃等长，先端截平，脊上生纤毛，至基部逐渐不显。

环境　多生于山坡草地或路边。

02
—

赖草
Leymus secalinus

禾本科　Poaceae
赖草属　*Leymus*

特征　多年生草本，具下伸的根状茎。秆直立，较粗硬，单生或呈疏丛状，茎部叶鞘残留呈纤维状。叶片深绿色，平展或内卷。穗状花序直立，外稃披针形，被短柔毛，先端渐尖或具 1~3 毫米长的短芒，内稃与外稃等长，先端略显分裂。

环境　从暖温带、中温带的森林草原到干草原、荒漠草原、草原化荒漠，以至 4500 米以上的高寒地带都有分布。

03
—

大叶章
Deyeuxia purpurea

禾本科　Poaceae
野青茅属　*Deyeuxia*

特征　多年生，具横走根状茎。秆直立，平滑无毛，高 90~150 厘米，通常具分枝。叶鞘多短于节间，平滑无毛；叶片线形，扁平，长 15~30 厘米，两面稍糙涩。圆锥花序疏松开展，近于金字塔形，分枝细弱，粗糙，开展或上升，长 2~8 厘米，中部以下常裸露；小穗长 4~5 毫米，黄绿色带紫色或成熟之后呈黄褐色。花期 7~9 月。

环境　生于海拔 700~3600 米的山坡草地、林下、沟谷潮湿草地。

04
—

看麦娘
Alopecurus aequalis

禾本科　Poaceae
看麦娘属　*Alopecurus*

特征　一年生草本植物。秆细瘦，光滑，但节处常生膝曲，少数丛生。叶鞘总体光滑，比节间短，叶舌膜质；叶片长 3~10 厘米，扁平。圆锥花序圆柱状，长 2~7 厘米，宽 3~6 毫米，灰绿色；颖为膜质，基部互连，脊上生毛，毛纤细；外稃先端钝，膜质；芒约从外稃下部 1/4 处延伸出，隐藏或稍外露；花药为橙黄色。颖果长约 1 毫米。花果期 4~8 月。

环境　生于海拔较低之田边及潮湿之地。

01

草地早熟禾
Poa pratensis

禾本科　Poaceae
早熟禾属　*Poa*

特征　多年生草本植物。匍匐根状茎发达；秆直立，可达 90 厘米。叶鞘生于节间，且长于叶片；叶舌膜质，蘖生者较短；叶片呈线形，或内卷或扁平，至顶端渐尖。圆锥花序金字塔形或卵圆形，分枝开展；小枝上着生绿色至草黄色卵圆形小穗，包含小花；外稃顶端略钝，少许膜质，内稃较短于外稃。颖果纺锤形。花期 5~6 月。

环境　生于湿润草甸、沙地、草坡，从低海拔到高海拔 500~4000 米山地均有。

02

芦苇
Phragmites australis

禾本科　Poaceae
芦苇属　*Phragmites*

特征　多年生草本，根状茎十分发达。秆直立，高 1~3 米，节下被蜡粉。叶舌边缘密生一圈长约 1 毫米的短纤毛；叶片披针状线形，长 30 厘米，宽达 5 厘米。圆锥花序大型，分枝多数。花期 8~10 月。

环境　生于江河湖泽、池塘沟渠沿岸和低湿地。

03

虎尾草
Chloris virgata

禾本科　Poaceae
虎尾草属　*Chloris*

特征　一年生草本。秆直立或基部有膝曲，光滑。叶鞘背部生脊，无毛；叶片呈线形，长 3~25 厘米，宽 3~6 毫米。穗状花序指状着生于秆顶，呈毛刷状，成熟时多带紫色。小穗无柄；颖膜质；第一小花两性，纸质外稃为倒卵状披针形，两侧边缘上部具白色柔毛，芒于外稃顶端略下方伸出，内稃膜质；第二小花不孕，仅存外稃，芒于背部边缘略下方伸出。颖果纺锤形。花果期 6~10 月。

环境　多生于路旁荒野、河岸沙地、土墙及房顶上。

04

金色狗尾草
Setaria glauca

禾本科　Poaceae
狗尾草属　*Setaria*

特征　一年生草本，单生或丛生。叶鞘光滑无毛，叶舌具一圈长约 1 毫米的纤毛，叶片线状披针形或狭披针形，长 5~40 厘米，宽 2~10 毫米。圆锥花序紧密呈圆柱状或狭圆锥状，刚毛金黄色或稍带褐色。花果期 6~10 月。

环境　生于林边、山坡、路边和荒芜的园地。

01
—

假苇拂子茅
Calamagrostis
pseudophragmites

禾本科　Poaceae
拂子茅属　*Calamagrostis*

特征　秆直立，高 40~100 厘米。叶鞘平滑无毛，或稍粗糙，短于节间，有时在下部者长于节间；叶片长 10~30 厘米，扁平或内卷，上面及边缘粗糙，下面平滑。圆锥花序长圆状披针形，疏松开展，分枝簇生，直立；小穗长 5~7 毫米，草黄色或紫色；外稃透明膜质，长 3~4 毫米，芒细直，细弱，长 1~3 毫米。花果期 7~9 月。

环境　生于山坡草地或河岸阴湿之处，海拔 350~2500 米。

02
—

荻
Miscanthus sacchariflorus

禾本科　Poaceae
芒属　*Miscanthus*

特征　多年生草本，成片生长。具发达被鳞片的长匍匐根状茎，节处生有粗根与幼芽。叶鞘无毛，叶舌短，长 0.5~1 毫米，具纤毛；叶片扁平，宽线形。圆锥花序疏展成伞房状，小穗无芒。花果期 8~10 月。

环境　生于山坡草地和平原岗地、河岸湿地。

03
—

虞美人
Papaver rhoeas

罂粟科　Papaveraceae
罂粟属　*Papaver*

特征　一年生草本植物。全体被刚毛，毛伸展。茎直立，一般高 25~90 厘米，有分枝。叶片轮廓为披针形或狭卵形，羽状分裂；叶脉在表面稍凹，背面则突。花单生于茎及分枝顶部，花梗长 10~15 厘米；花瓣 4，圆形、宽椭圆形或宽倒卵形，全缘，多为紫红色，有时白色，基部常有深紫色斑点；花蕾下垂，为长圆状倒卵形；萼片 2，宽椭圆形；蒴果无毛，宽倒卵形，肋不明显。种子多肾状长圆形。花果期 3~8 月。

环境　世界各地及中国常见栽培，为观赏植物。

01

—

白屈菜
Chelidonium majus

罂粟科　Papaveraceae
白屈菜属　*Chelidonium*

特征　多年生草本。主根粗壮，圆锥形。叶片羽状全裂，背面具白粉。伞形花序多花；萼片卵圆形，舟状，早落；花瓣倒卵形，黄色，花丝丝状，黄色。蒴果狭圆柱形，长 2~5 厘米，粗 2~3 毫米。花果期 4~9 月。

环境　生于海拔 500~2200 米的山坡、山谷林缘草地或路旁、石缝。

02

—

小黄紫堇
Corydalis raddeana

罂粟科　Papaveraceae
紫堇属　*Corydalis*

特征　多年生草本。主根粗壮，长达 13 厘米。叶二至三回羽状分裂，背面具白粉。总状花序顶生和腋生，花排列稀疏；苞片全缘，花梗劲直，花瓣黄色，距圆筒形，与花瓣片近等长或稍长。蒴果卵形，压扁。花果期 6~10 月。

环境　生于海拔 850~1400 米的杂木林下或水沟边。

03

—

蝙蝠葛
Menispermum dauricum

防己科　Menispermaceae
蝙蝠葛属　*Menispermum*

特征　多年生草质、落叶藤本。叶纸质或近膜质，边缘有 3~9 角或 3~9 裂，很少近全缘，基部心形至近截平，两面无毛，下面有白粉。圆锥花序；雌雄异株；花白色，密集。花期 6~7 月，果期 8~9 月。

环境　常生于路边灌丛或疏林中。

04

—

萍蓬草
Nuphar pumila

睡莲科　Nymphaeaceae
萍蓬草属　*Nuphar*

特征　多年水生草本。叶纸质，宽卵形或卵形，少数椭圆形，长 6~17 厘米，宽 6~12 厘米，先端圆钝，基部具弯缺，心形，裂片远离。花直径 3~4 厘米；萼片黄色，外面中央绿色；花瓣窄楔形，先端微凹。浆果卵形。花期 5~7 月，果期 7~9 月。

环境　生于我国各地的湖泊、池塘中。

01

箭头唐松草
Thalictrum simplex

毛茛科　Ranunculaceae
唐松草属　*Thalictrum*

特征　多年生草本。茎高 54~100 厘米，不分枝或在下部分枝。叶为一至二回羽状复叶。圆锥花序，分枝与轴成 45 度角；萼片 4，早落；雄蕊约 15，花丝丝形，心皮 3~6。瘦果有 8 条纵肋。7 月开花。

环境　生于山地草坡或沟边。

02

唐松草
Thalictrum aquilegifolium
var. *sibiricum*

毛茛科　Ranunculaceae
唐松草属　*Thalictrum*

特征　多年生草本。茎高 60~150 厘米，粗壮，有分枝。叶茎生，为三至四回三出复叶，小叶草质，三浅裂。圆锥花序伞房状，花多且密集；萼片白色或外面带紫色，早落；雄蕊多数，长 6~9 毫米。瘦果倒卵形。7 月开花。

环境　生于草原、山地、林边草坡或林中。

03

尖萼耧斗菜
Aquilegia oxysepala

毛茛科　Ranunculaceae
耧斗菜属　*Aquilegia*

特征　多年生草本。根较粗壮，呈圆柱形。茎高 40~80 厘米，上部有分枝。叶基生，复叶二回三出，三浅裂或三深裂。花 3~5 朵，大而美；紫色萼片，黄白色花瓣瓣片，瓣片末端内弯呈钩状。花期 5~6 月，果期 7~8 月

环境　生于山地杂木林边和草地中。

04

侧金盏花
Adonis amurensis

毛茛科　Ranunculaceae
侧金盏花属　*Adonis*

特征　多年生草本。开花时，茎高 5~15 厘米，以后可达 30 厘米。花期过后，叶长大，三全裂，二至三回细裂，全裂片有长柄。萼片约 9，淡灰紫色；花瓣约 10，黄色，倒卵状长圆形或狭倒卵形，与萼片等长或稍短。瘦果倒卵球形。花期 3~4 月。

环境　生于山坡草地或林下。

01

毛茛科　Ranunculaceae
翠雀属　*Delphinium*

翠雀
Delphinium grandiflorum

特征　多年生草本。茎与叶柄均被反曲而贴伏的短柔毛。叶片三全裂，中央全裂片近菱形，一至二回三裂近中脉。总状花序；萼片紫蓝色，距钻形；花瓣蓝色。蓇葖果直，长 1.4~1.9 厘米。5~10 月开花。

环境　生于山地草坡或丘陵沙地。

02

毛茛科　Ranunculaceae
翠雀属　*Delphinium*

东北高翠雀花
Delphinium korshinskyanum

特征　多年生草本。茎直立，茎高 55~90 厘米。叶肾状五角形，三深裂至距基部 4~10 毫米处，中央深裂片三裂。总状花序狭长，有花（12~）18~25 朵；苞片披针状线形；萼片脱落，蓝紫色；距圆锥状钻形，直或末端稍向下弯曲；花瓣黑褐色，顶端二浅裂；退化雄蕊黑褐色，上部有长缘毛，腹面中央有黄色长髯毛。蓇葖果无毛。花期 7~8 月，果期 8 月。

环境　生于林间草地或灌丛间草地。

03

毛茛科　Ranunculaceae
类叶升麻属　*Actaea*

类叶升麻
Actaea asiatica

特征　多年生草本，根状茎横走。叶 2~3 枚，茎下部的叶为三回三出近羽状复叶，具长柄。总状花序，轴和花梗密被白色或灰色短柔毛；花瓣匙形，白色。果实紫黑色，直径约 6 毫米。5~6 月开花，7~9 月结果。

环境　生于山地林下或沟边阴处、河边湿草地。

04

毛茛科　Ranunculaceae
类叶升麻属　*Actaea*

兴安升麻
Actaea pterosperma

特征　多年生草本。茎高达 1 米余，微有纵槽，无毛或微被毛。下部茎生叶为二回或三回三出复叶。雌雄异株；花序复总状；雄株花序大，雌株花序稍小；花白色。蓇葖生于长 1~2 毫米的心皮柄上。7~8 月开花，8~9 月结果。

环境　生于山地林缘灌丛以及山坡疏林或草地中。

01
—

长瓣金莲花
Trollius macropetalus

毛茛科　Ranunculaceae
金莲花属　*Trollius*

特征　多年生草本，植株全部无毛。叶片长 5.5~9.2 厘米，宽 11~16 厘米；与短瓣金莲花及金莲花的叶均相似。花直径 3.5~4.5 厘米；萼片 5~7 片，金黄色；花瓣 14~22 个，狭线形，通常比萼片稍长。蓇葖长约 1.3 厘米。7~9 月开花，7月开始结果。

环境　生于林间湿草地。

02
—

驴蹄草
Caltha palustris

毛茛科　Ranunculaceae
驴蹄草属　*Caltha*

特征　多年生草本，全部无毛，有多数肉质须根。茎在中部或中部以上分枝，稀不分枝。基生叶 3~7，有长柄；叶片圆形、圆肾形或心形，茎生叶通常向上逐渐变小。茎或分枝顶部有由 2 朵花组成的简单的单歧聚伞花序；萼片 5，黄色，倒卵形或狭倒卵形。蓇葖长约 1 厘米；种子狭卵球形。5~9 月开花，6 月开始结果。

环境　通常生于山谷溪边或湿草甸，有时也生在草坡或林下较阴湿处。

03
—

大叶铁线莲
Clematis heracleifolia

毛茛科　Ranunculaceae
铁线莲属　*Clematis*

特征　直立草本或半灌木。主根粗大，木质化。茎粗壮，纵纹显著，密被白糙毛。三出复叶，小叶片亚革质或厚纸质，卵圆形至近于圆形，边缘粗锯齿大小不一。聚伞花序，腋生或顶生；花杂性，雄花与两性花异株；花萼顶端常反卷，下半部呈管状；萼片 4，蓝紫色。瘦果红棕色，卵圆形，两面凸起，具短柔毛。花期 8~9 月，果期 10 月。

环境　常生于山坡沟谷、林边及路旁的灌丛中。

01

—

辣蓼铁线莲
Clematis terniflora var. mandshurica

毛茛科　Ranunculaceae
铁线莲属　*Clematis*

特征　木质藤本，只有茎和分枝的节上长有白色柔毛。二回羽状复叶，小叶片狭卵形至宽卵形，也见卵状披针形。圆锥状聚伞花序，顶生或腋生，花较多；萼片多为 4，白色，开展。瘦果通常 5~7 个，橙黄色，较小，倒卵形至宽椭圆形，扁，边缘凸，有贴伏柔毛。花期 6~8 月，果期 7~9 月。

环境　生于山坡灌丛中、杂木林内或林边。

02

—

棉团铁线莲
Clematis hexapetala

毛茛科　Ranunculaceae
铁线莲属　*Clematis*

特征　多年生直立草本，一般高 30~100 厘米。茎先具稀柔毛，后无；老枝有纵沟。叶片绿色，近革质，单叶至复叶，一至二回羽状深裂。总状或圆锥状聚伞花序顶生，花有时单生，直径 2.5~5 厘米；萼片通常 6，白色，外面绵毛密生。瘦果密被柔毛，倒卵形，扁平；宿存花柱长 1.5~3 厘米，有长柔毛，灰白色。花期 6~8 月，果期 7~10 月。

环境　生于固定沙丘、干山坡或山坡草地，尤以东北及内蒙古草原地区较为普遍。

03

—

零余虎耳草
Saxifraga cernua

虎耳草科　Saxifragaceae
虎耳草属　*Saxifraga*

特征　多年生草本。茎被腺柔毛。叶腋部具珠芽，有时还发出鞭匐枝。叶片肾形，通常 5~7 浅裂，两面和边缘均具腺毛。单花生于茎顶或枝端，或聚伞花序具 2~5 花；苞腋具珠芽，花瓣白色或淡黄色。花果期 6~9 月。

环境　生于林下、林缘、高山草甸和高山碎石隙。

01
—

八宝
Hylotelephium erythrostictum

景天科　Crassulaceae
八宝属　*Hylotelephium*

特征　多年生草本，有胡萝卜状的块根。茎直立，不分支。叶常对生，长圆形。伞房状花序顶生；花密集，直径约 1 厘米；萼片、花瓣 5，花瓣白色或粉红色，宽披针形；雄蕊 10，与花瓣基本同长，花药紫色。花期 8~10 月。

环境　分布广泛，生于海拔 450~1800 米的山坡草地或沟边。

02
—

堪察加费菜
Phedimus kamtschaticus

景天科　Crassulaceae
费菜属　*Phedimus*

特征　多年生草本。根状茎木质、粗，分枝。叶倒披针形、匙形至倒卵形，上部边缘有疏锯齿至疏圆齿。聚伞花序顶生；花瓣 5，黄色，披针形，背面有龙骨状突起；雄蕊 10。蓇葖上部星芒状水平横展。花期 6~7 月，果期 8~9 月。

环境　生于多石山坡。

03
—

穗状狐尾藻
Myriophyllum spicatum

小二仙草科　Haloragaceae
狐尾藻属　*Myriophyllum*

特征　多年生沉水草本。叶常 5 片轮生，丝状全细裂。花两性、单性或杂性，雌雄同株，由多数花排成顶生或腋生的穗状花序。分果广卵形或卵状椭圆形。花期从春到秋陆续开放，4~9 月陆续结果。

环境　池塘、河沟、沼泽中常有生长，特别是在含钙的水域中更为常见。

01
—

山葡萄
Vitis amurensis

葡萄科　Vitaceae
葡萄属　*Vitis*

特征　木质藤本。卷须 2~3 分枝，每隔 2 节间断与叶对生。叶阔卵圆形，3 稀 5 浅裂或中裂，或不分裂，初时疏被蛛丝状绒毛，以后脱落。圆锥花序疏散，与叶对生；花瓣 5，呈帽状黏合脱落。果实直径 1~1.5 厘米，黑色或紫黑色。花期 5~6 月，果期 7~9 月。

环境　生于山坡、沟谷林中或灌丛。

02
—

苦参
Sophora flavescens

豆科　Fabaceae
苦参属　*Sophora*

特征　草本或亚灌木，通常高 1 米左右。羽状复叶；小叶 6~12 对，互生或近对生。总状花序顶生，长 15~25 厘米，花多数，白色或淡黄白色。荚果长 5~10 厘米，种子间稍缢缩，成熟后开裂成 4 瓣。花期 6~8 月，果期 7~10 月。

环境　生于山坡、沙地草坡灌木林中或田野附近。

03
—

胡枝子
Lespedeza bicolor

豆科　Fabaceae
胡枝子属　*Lespedeza*

特征　直立灌木。通常高 1~3 米，分枝较多；幼枝可见条棱，暗褐色或黄色。羽状复叶具小叶 3，小叶质薄，卵形、倒卵形或卵状长圆形；托叶 2，线状披针形。总状花序腋生，长于叶，常组成大型、稀疏的圆锥花序；花冠红紫色，极稀白色。荚果斜倒卵形，稍扁，密被短柔毛。花期 7~9 月，果期 9~10 月。

环境　生于海拔 150~1000 米，山坡、林缘、路旁、灌丛及杂木林间。

04
—

野大豆
Glycine soja

豆科　Fabaceae
大豆属　*Glycine*

特征　一年生缠绕草本，长 1~4 米，全体疏被褐色长硬毛。叶具 3 小叶，全缘，侧生小叶斜卵状披针形。总状花序通常短；花小，淡红紫色或白色。荚果长圆形，稍弯，密被长硬毛。花期 7~8 月，果期 8~10 月。国家二级保护植物。

环境　生于潮湿的田边、园边、沟旁、河岸、湖边、沼泽、草甸、沿海和岛屿向阳的矮灌木丛或芦苇丛中，稀见于沿河岸疏林下。

01
—

山岩黄耆
Hedysarum alpinum

豆科　Fabaceae
岩黄芪属　*Hedysarum*

特征　多年生草本，一般高 50~120 厘米。直根系，主根粗壮。茎有细条纹，直立，多数。羽状复叶；小叶具短柄；小叶片卵状长圆形或狭椭圆形，主、侧脉隆起明显。总状花序腋生；花多，密集着生，略垂；花冠紫红色。荚果 3~4 节。花期 7~8 月，果期 8~9 月。

环境　生于河谷草甸和阴湿的林下及沼泽化的针、阔叶林中。

02
—

天蓝苜蓿
Medicago lupulina

豆科　Fabaceae
苜蓿属　*Medicago*

特征　一、二年生或多年生草本，全株被柔毛或腺毛。茎水平或向上生长，分枝较多，叶茂盛。羽状三出复叶；托叶卵状披针形，长达 1 厘米；小叶纸质，倒卵形、阔倒卵形或倒心形，上下两面均有毛。花序小头状，有花 10~20 朵。荚果肾形，有褐色卵形种子 1 粒。花期 7~9 月，果期 8~10 月。

环境　适于凉爽气候及水分良好土壤，但在各种条件下都有野生，常见于河岸、路边、田野及林缘。

03
—

野火球
Trifolium lupinaster

豆科　Fabaceae
车轴草属　*Trifolium*

特征　多年生草本，根粗壮。掌状复叶，通常小叶 5 枚；小叶披针形，侧脉多达 50 对以上，叶边成细锯齿。头状花序；花冠淡红色至紫红色。荚果长圆形。花果期 6~10 月。

环境　生于低湿草地、林缘和山坡。

04
—

广布野豌豆
Vicia cracca

豆科　Fabaceae
野豌豆属　*Vicia*

特征　多年生草本，根细且分支多。茎攀援生长或蔓生。偶数羽状复叶，叶轴顶端有卷须；小叶互生，5~12 对，线形、长圆或披针状线形。总状花序，花数量多，常 10~40 密着于总花序轴上部；花冠多色，可见紫、蓝紫或紫红。荚果为长圆形或长圆菱形。花果期 5~9 月。

环境　广布于草甸、林缘、山坡、河滩草地及灌丛。

01

——

歪头菜
Vicia unijuga

豆科　Fabaceae
野豌豆属　*Vicia*

特征　多年生草本，通常数茎丛生。叶轴末端为细刺尖头，偶见卷须，小叶一对着生。总状花序单一，花 8~20 朵，一面向密集于花序轴上部，花冠蓝紫色、紫红色或淡蓝色。荚果扁、长圆形。花期 6~7 月，果期 8~9 月。

环境　生于山地、林缘、草地、沟边及灌丛。

02

——

大山黧豆
Lathyrus davidii

豆科　Fabaceae
山黧豆属　*Lathyrus*

特征　多年生草本，具块根。托叶大，半箭形，叶轴末端具分枝的卷须；小叶 (2)3~4(~5) 对。总状花序，有花 10 余朵；花黄色。荚果线形，具长网纹。花期 5~7 月，果期 8~9 月。

环境　生于山坡、林缘、灌丛等地区。

03

——

西伯利亚远志
Polygala sibirica

远志科　Polygalaceae
远志属　*Polygala*

特征　多年生草本。茎丛生，通常直立。叶互生，卵形。总状花序腋外生或假顶生，具少数花；花瓣 3，蓝紫色，侧瓣倒卵形，龙骨瓣较侧瓣长，具流苏般鸡冠状附属物。蒴果近倒心形。花期 4~7 月，果期 5~8 月。

环境　生于沙质土、石砾和石灰岩山地灌丛、林缘或草地。

04

——

蚊子草
Filipendula palmata

蔷薇科　Rosaceae
蚊子草属　*Filipendula*

特征　多年生草本，高 60~150 厘米。叶为羽状复叶，有小叶 2 对，顶生小叶特别大，5~9 掌状深裂。顶生圆锥花序，花小而多，花瓣白色。瘦果半月形，直立。花果期 7~9 月。

环境　生于山麓、沟谷、草地、河岸、林缘及林下。

01

牛叠肚
Rubus crataegifolius

蔷薇科　Rosaceae
悬钩子属　*Rubus*

特征　直立灌木，枝有略弯皮刺。单叶，卵形至长卵形；开花枝的叶较小，基部为心形或近截形，顶端逐渐变尖，边缘有掌状分裂 3~5。花数朵簇生或成短总状花序生于顶部；花瓣白色，椭圆形或长圆形。果实红色，近球形，直径约 1 厘米。花期 5~6 月，果期 7~9 月。

环境　生向阳山坡灌木丛中或林缘，常在山沟、路边成群生长，海拔 300~2500 米。

02

路边青
Geum aleppicum

蔷薇科　Rosaceae
路边青属　*Geum*

特征　多年生草本。茎直立，高 20~100 厘米。基生叶为大头羽状复叶，一般有 2~6 对小叶，小叶边缘常浅裂。花序顶生，疏散排列；花瓣黄色，近圆形。聚合果倒卵球形，瘦果表面长有硬长毛，花柱宿存部分顶端有小钩。花果期 7~10 月。

环境　生于山坡草地、沟边、地边、河滩、林间隙地及林缘。

03

龙芽草
Agrimonia pilosa

蔷薇科　Rosaceae
龙牙草属　*Agrimonia*

特征　多年生草本。根茎短，基部常生有若干地下芽。茎高 30~120 厘米，表面生有稀疏的柔毛和短柔毛，稀下部有稀疏的长硬毛。叶为间断奇数羽状复叶，托叶草质。花序穗状总状顶生，分枝或不分枝；花瓣黄色，长圆形；果实倒卵圆锥形，有肋 10 条。花果期 5~12 月。

环境　常生于溪边、路旁、草地、灌丛、林缘及疏林下，海拔 100~3800 米。

04

地榆
Sanguisorba officinalis

蔷薇科　Rosaceae
地榆属　*Sanguisorba*

特征　多年生草本。根粗壮，通常为纺锤形。基生叶为羽状复叶，有小叶 4~6 对，绿色；茎生叶较少，狭长，褐色。穗状花序直立，一般长 1~3(4) 厘米，从花序顶端向下开放，紫红色。花果期 7~10 月。

环境　生于草原、草甸、山坡草地、灌丛中、疏林下。

01

小白花地榆
*Sanguisorba tenuifolia
var. alba*

蔷薇科　Rosaceae
地榆属　*Sanguisorba*

特征　多年生草本，高可达 150 厘米。茎有棱，光滑。基生叶为羽状复叶，有小叶 7~9 对。穗状花序长圆柱形，通常下垂，从顶端向下逐渐开放；花白色，花丝比萼片长 1~2 倍。花果期 7~9 月。

环境　生于湿地、草甸、林缘及林下。

02

长白蔷薇
Rosa koreana

蔷薇科　Rosaceae
蔷薇属　*Rosa*

特征　丛生灌木。枝条暗紫红色，较密集；枝上有针刺，当年生小枝较稀疏，老枝则较密。羽状复叶，小叶 7~11 对；小叶片椭圆形、长椭圆形或倒卵状椭圆形，上面无毛，下面几乎无毛或仅沿脉有柔毛些许；托叶倒卵披针形。花单生于叶腋，直径 2~3 厘米；花瓣倒卵形，白色或带粉色。果实橘红色，有光泽，长圆球形；萼片宿存，直立。花期 5~6 月，果期 7~9 月。

环境　多生于林缘和灌丛中或山坡多石地，海拔 600~1200 米。

03

朝天委陵菜
Potentilla supina

蔷薇科　Rosaceae
委陵菜属　*Potentilla*

特征　一年生或二年生草本。主根纤长，侧根较少。茎平展，有分枝，叉状。基生叶羽状复叶，有互生或对生小叶 2~5 对。花茎上叶较多，下部花生于叶腋，顶端则呈伞房状聚伞花序；花瓣倒卵形，顶端微凹，黄色。瘦果长圆形，先端尖，表面生脉纹。花果期 3~10 月。

环境　生于田边、荒地、河岸沙地、草甸、山坡湿地。

04

蕨麻
Potentilla anserina

蔷薇科　Rosaceae
委陵菜属　*Potentilla*

特征　多年生草本，根下部有时会长成椭圆形或纺锤形的块根。茎匍匐而生，节处可生根，并能在地上长出新植株。基生叶为间断羽状复叶，有对生或互生小叶 6~11 对；茎生叶与基生叶相似，只是小叶数量较少。单花腋生；花直径 1.5~2 厘米；花瓣倒卵形、顶端圆形，黄色；花柱侧生，小枝状。

环境　生于河岸、路边、山坡草地及草甸，海拔 500~4100 米。

01
——

东方草莓
Fragaria orientalis

蔷薇科　Rosaceae
草莓属　*Fragaria*

特征　多年生草本。茎被开展柔毛，上部浓密，下部时常脱落。三出复叶，小叶倒卵形或菱状卵形，边缘有缺刻状锯齿，几乎无柄。花序聚伞状，花 2~5 朵；花瓣接近圆形，白色。聚合果半圆形，成熟后变成紫红色，宿存萼片开展或稍反折。花期 5~7 月，果期 7~9 月。

环境　生于山坡草地或林下。

02
——

稠李
Padus avium

蔷薇科　Rosaceae
稠李属　*Padus*

特征　落叶乔木，高可达 15 米。叶片椭圆形或长圆倒卵形，先端尾尖，基部圆形或宽楔形，边缘有不规则锐锯齿，两面无毛。总状花序具有多花，花瓣白色，比雄蕊长近 1 倍。核果卵球形，红褐色至黑色，光滑；萼片脱落。花期 4~5 月，果期 5~10 月。

环境　生于山坡、山谷或灌丛中。

03
——

珍珠梅
Sorbaria sorbifolia

蔷薇科　Rosaceae
珍珠梅属　*Sorbaria*

特征　落叶灌木，高达 2 米。羽状复叶，小叶片 11~17 枚，先端渐尖，边缘有尖锐重锯齿。顶生大型密集圆锥花序，分枝近于直立；花白色，雄蕊 40~50，约长于花瓣 1.5~2 倍。蓇葖果长圆形。花期 7~8 月，果期 9 月。

环境　生于海拔 250~1500 米的山坡疏林中。

04
——

绣线菊
Spiraea salicifolia

蔷薇科　Rosaceae
绣线菊属　*Spiraea*

特征　落叶灌木，高 1~2 米。叶片长圆披针形至披针形，先端急尖或渐尖，基部楔形，边缘密生锐锯齿。花序为长圆形或金字塔形的圆锥花序；花朵密集，粉红色，雄蕊 50，约长于花瓣 2 倍。蓇葖果直立。花期 6~8 月，果期 8~9 月。

环境　生于河流沿岸、湿草原、空旷地和山沟中。

01
—

花楸树
Sorbus pohuashanensis

蔷薇科　Rosaceae
花楸属　*Sorbus*

特征　落叶乔木。奇数羽状复叶，小叶片 5~7 对，卵状披针形或椭圆披针形，下面苍白色。复伞房花序具多数密集花朵；花白色，雄蕊 20。果实近球形，成熟时红色或橘红色；具宿存闭合萼片。花期 6 月，果期 9~10 月。

环境　常生于山坡或山谷杂木林内。

02
—

裂叶榆
Ulmus laciniata

榆科　Ulmaceae
榆属　*Ulmus*

特征　落叶乔木，高可达 27 米。树皮灰色或浅灰褐色，有纵裂，较浅，短裂片经常翘起，使表面形成薄片状剥落。叶倒三角状、倒卵形、或倒卵状长圆形；先端通常 3~7 裂，裂片三角形；叶面生浓密硬毛，叶背被柔毛，叶柄很短。花排成簇状聚伞花序。翅果椭圆形或长圆状椭圆形，只在顶端凹缺柱头面被毛。花果期 4~5 月。

环境　生于海拔 700~2200 米的山坡、谷地、溪边林中。

03
—

狭叶荨麻
Urtica angustifolia

荨麻科　Urticaceae
荨麻属　*Urtica*

特征　多年生草本，根状茎木质化。茎生刺毛和细糙毛，均稀疏。叶披针形至披针状条形，边缘生锯齿或粗牙齿；托叶每节 4 枚，离生。雌雄异株，花序呈圆锥状，有时会因分枝较短且少而接近穗状；雌花小于雄花，二者几乎均无梗。瘦果卵形或宽卵形；宿存花被片 4，合生于下部。花期 6~8 月，果期 8~9 月。

环境　生于海拔 800~2200 米山地河谷溪边或台地潮湿处。

04
—

蒙古栎
Quercus mongolica

壳斗科　Fagaceae
栎属　*Quercus*

特征　落叶乔木，树皮灰褐色，纵裂较深。叶片为倒卵形至长倒卵形，叶缘有钝齿或粗齿 7~10 对。雄花与雌花分别有序生于新枝下部和新枝上端叶腋。杯形壳斗包着坚果 1/3~1/2，外壁小苞片有半球形的瘤状突起。坚果卵形至长卵形。花期 4~5 月，果期 9 月。

环境　生于山地，常在阳坡、半阳坡形成小片纯林或与桦树等组成混交林。

01
—

胡桃楸
Juglans mandshurica

胡桃科　Juglandaceae
胡桃属　*Juglans*

特征　落叶乔木，高达 20 多米；灰色树皮，纵裂较浅。奇数羽状复叶，生于萌发枝条上时可长达 80 厘米，小叶有 15~23 枚；生于孕性枝上者集中在枝端，长 40~50 厘米。雄性葇荑花序长 9~20 厘米；雌性穗状花序具雌花 4~10，柱头鲜红色。果实为球状、卵状或椭圆状，顶端较尖，密被腺质短柔毛。花期 5 月，果期 8~9 月。

环境　多生于土质肥厚、湿润、排水良好的沟谷两旁或山坡的阔叶林中。

02
—

白桦
Betula platyphylla

桦木科　Betulaceae
桦木属　*Betula*

特征　乔木，高可达 27 米。树皮为灰白色，成层剥裂；枝条则是暗灰色或暗褐色，无毛。叶厚纸质，呈三角形、三角状卵形或三角状菱形，边缘生有重锯齿。果序圆柱形或矩圆状圆柱形，单生，一般下垂。小坚果为狭矩圆形、矩圆形或卵形，背面有稀疏的短柔毛。

环境　生于海拔 400~1400 米的山坡或林中。

03
—

黑桦
Betula dahurica

桦木科　Betulaceae
桦木属　*Betula*

特征　乔木，高 6~20 米。树皮黑褐色，有龟裂；枝条红褐色或暗褐色，无毛，光亮；小枝红褐色，生有稀疏的长柔毛和稠密的树脂腺体。叶通常为长卵形，厚纸质。果序单生，矩圆状圆柱形，直立或稍下垂。小坚果呈宽椭圆形，无毛，有膜质翅。

环境　生于海拔 400~1300 米，干燥且土层较厚的阳坡、山顶石岩上、潮湿阴坡、针叶林或杂木林下。

04
—

多枝梅花草
Parnassia palustris var. multiseta

卫矛科　Celastraceae
梅花草属　*Parnassia*

特征　多年生草本。基生叶 3 至多数，具柄，叶片卵形至长卵形，基部近心形。花单生于茎顶，花瓣白色，有显著自基部发出的 7~13 条脉，常有紫色斑点；退化雄蕊 5，多分枝。蒴果卵球形。花期 7~9 月，果期 10 月。

环境　生于山坡和山沟阴处、河边以及草原和路边等处。

01

赶山鞭
Hypericum attenuatum

金丝桃科　Hypericaceae
金丝桃属　*Hypericum*

特征　多年生草本。叶片无柄；叶片卵状长圆形、卵状披针形或长圆状倒卵形，下面散生黑腺点，侧脉 2 对。花序顶生，多花或有时少花，为近伞房状或圆锥花序；花瓣淡黄色；雄蕊 3 束，每束有雄蕊约 30 枚，花药具黑腺点。子房卵珠形，长约 3.5 毫米，3 室；花柱 3。蒴果卵珠形或长圆状卵珠形。花期 7~8 月，果期 8~9 月。

环境　生于田野、半湿草地、草原、山坡草地、石砾地、草丛、林内及林缘等处，海拔在 1100 米以下。

02

黄海棠
Hypericum ascyron

金丝桃科　Hypericaceae
金丝桃属　*Hypericum*

特征　多年生草本。叶无柄，基部楔形或心形而抱茎。花序近伞房状至狭圆锥状；花瓣金黄色，倒披针形，弯曲；雄蕊极多数，5 束。蒴果为或宽或狭的卵珠形或卵珠状三角形。花期 7~8 月，果期 8~9 月。

环境　生于山坡林下、林缘、灌丛间、草丛或草甸中、溪旁及河岸湿地等处。

03

山杨
Populus davidiana

杨柳科　Salicaceae
杨属　*Populus*

特征　乔木，高达 25 米。树皮灰绿色或灰白色，光滑，老树则基部黑色且粗糙；树冠圆形。小枝赤褐色，光滑，萌枝被柔毛。叶三角状卵圆形或近圆形，长宽几乎相等。蒴果卵状圆锥形，有短柄。花期 3~4 月，果期 4~5 月。

环境　多生于山坡、山脊和沟谷地带，常形成小面积纯林或与其他树种形成混交林。

04

粗根老鹳草
Geranium dahuricum

牻牛儿苗科　Geraniaceae
老鹳草属　*Geranium*

特征　多年生草本，纺锤形块根簇生。茎直立，有棱槽。叶生于基部或对生于茎上，叶片七角状肾圆形，掌状 7 深裂靠近基部。花序长于叶，顶生和腋生，总花梗具花 2；花瓣紫红色，密被白色柔毛。花期 7~8 月，果期 8~9 月。

环境　生于山地草甸或亚高山草甸。

01
——

灰背老鹳草
Geranium wlassowianum

犙牛儿苗科　Geraniaceae
老鹳草属　*Geranium*

特征　多年生草本。根茎短粗，斜生或直生，木质化，纺锤形块根簇生。叶基生和茎上对生；叶片五角状肾圆形，基部浅心形。腋生和顶生花序略比叶长，花瓣淡紫红色，有深紫色脉纹。蒴果长约 3 厘米，被短糙毛。花期 7~8 月，果期 8~9 月。

环境　生于中低山的草甸、林缘等处。

02
——

鼠掌老鹳草
Geranium sibiricum

犙牛儿苗科　Geraniaceae
老鹳草属　*Geranium*

特征　一年生或多年生草本。直根，有时会少量分枝。茎较细，仰卧或接近直立，分枝较多，生棱槽，长有倒向的稀疏柔毛。叶对生；托叶棕褐色，披针形；下部叶片肾状五角形，基部宽心形，掌状 5 深裂。花瓣淡紫色或白色，倒卵形。蒴果长 15~18 毫米，被稀疏的柔毛。花期 6~7 月，果期 8~9 月。

环境　生于林缘、疏灌丛、河谷草甸。

03
——

线裂老鹳草
Geranium soboliferum

犙牛儿苗科　Geraniaceae
老鹳草属　*Geranium*

特征　多年生草本。根茎短粗，木质化。叶片掌状 5~7 深裂几达基部，裂片狭菱形，基部以上羽状深裂，小裂片狭披针状条形。花瓣紫红色，基部楔形并密被白色糙毛。花期 7~8 月，果期 8~9 月。

环境　生于中低山草甸和阔叶林下。

04
——

犙牛儿苗
Erodium stephanianum

犙牛儿苗科　Geraniaceae
犙牛儿苗属　*Erodium*

特征　多年生草本。根为直根，茎多数，仰卧或蔓生。叶二回羽状深裂，小裂片卵状条形。伞形花序腋生，每梗具 2~5 花；花瓣紫红色。蒴果长约 4 厘米，密被短糙毛。花期 6~8 月，果期 8~9 月。

环境　生于干山坡、农田边、沙质河滩地和草原凹地等。

01
———

千屈菜
Lythrum salicaria

千屈菜科　Lythraceae
千屈菜属　*Lythrum*

特征　多年生草本。根茎横生于地下；茎直立，分枝多，枝一般有四棱。叶对生或三叶轮生，披针形或阔披针形，无柄。小聚伞花序簇生，且由于花梗及总梗太短而形似一大型穗状花序；花瓣紫红色或淡紫色，略皱缩。蒴果扁圆形。

环境　生于河岸、湖畔、溪沟边和潮湿草地。

02
———

高山露珠草
Circaea alpina

柳叶菜科　Onagraceae
露珠草属　*Circaea*

特征　植株高 3~30 厘米，茎无毛，有时花序被腺毛。叶半透明，卵形至阔卵形。单花序或基部具侧生的总状花序，花集生于花序轴之顶端；花芽无毛；花管近不存在；花瓣白色，倒三角形至倒卵形，裂片圆形。果实上的钩状毛不具色素。花期 6~8 月，果期 7~9 月。

环境　生于潮湿处和苔藓覆盖的岩石及木头上，垂直分布范围为海平面至海拔 2500 米。

03
———

水珠草
Circaea canadensis subsp. *quadrisulcata*

柳叶菜科　Onagraceae
露珠草属　*Circaea*

特征　多年生草本。叶狭卵形、阔卵形至矩圆状卵形，基部圆形至近心形，稀阔楔形。总状花序，花梗与花序轴垂直，被腺毛；萼片通常紫红色，反曲；花瓣倒心形，通常粉红色。果实梨形至近球形。花期 6~8 月，果期 7~9 月。

环境　生于寒温带落叶阔叶林及针阔混交林中。

04
———

柳兰
Chamerion angustifolium

柳叶菜科　Onagraceae
柳兰属　*Chamerion*

特征　多年粗壮草本。叶螺旋状互生，披针形或狭披针形。花序总状直立，长 5~40 厘米；花粉红至紫红色，柱头深 4 裂。蒴果长 4~8 厘米，种缨丰富。花期 6~9 月，果期 8~10 月。

环境　生于山区半开旷或开旷较湿润草坡灌丛、火烧迹地、高山草甸、河滩、砾石坡。

01
——

色木槭
Acer mono

无患子科　Sapindaceae
槭属　*Acer*

特征　落叶乔木。高可达 20 米，树皮粗糙。叶片纸质，基部截形或近于心脏形，先端锐尖或尾状锐尖，外貌近于椭圆形；常 5 裂，裂片卵形，上面深绿色，无毛，下面淡绿色。花多数，杂性，雄花与两性花同株，生于有叶的枝上，花的开放与叶的生长同时；花瓣淡白色，椭圆形或椭圆倒卵形，翅果嫩时紫绿色，成熟时淡黄色。小坚果压扁状，翅长圆形。花期 5 月，果期 9 月。

环境　生于海拔 800~1500 米的山坡或山谷疏林中。

02
——

紫花槭
Acer pseudosieboldianum

无患子科　Sapindaceae
槭属　*Acer*

特征　落叶灌木或小乔木。高达 8 米，树皮灰色。叶纸质，近于圆形，基部心脏形或深心脏形，常 9~11 裂；裂片三角形或卵状披针形。花紫色，杂性，常成被毛的伞房花序。翅果嫩时紫色，成熟时紫黄色。花期 5~6 月，果期 9 月。

环境　生于海拔 700~900 米的山岳地带、针叶和阔叶混交林中或林边。

03
——

白鲜
Dictamnus dasycarpus

芸香科　Rutaceae
白鲜属　*Dictamnus*

特征　多年生草本。根斜生，肉质粗长。羽状复叶，有小叶 9~13 片，对生，无柄，叶轴有甚狭窄的冀叶。总状花序，花瓣淡紫红色或粉红色，带深紫红色脉纹，雄蕊伸出花瓣外。成熟的果蓇葖沿腹缝线开裂为 5 个分果瓣。花期 5 月，果期 8~9 月。

环境　生于丘陵土坡、平地灌木丛、草地或疏林下，石灰岩山地亦常见。

04
——

黄檗
Phellodendron amurense

芸香科　Rutaceae
黄檗属　*Phellodendron*

特征　落叶乔木。通常高 10~20 米，也有高达 30 米者；胸径约 1 米。树皮有浅灰或灰褐色厚木栓层，深沟状或不规则网状开裂；鲜黄色内皮很薄，带苦味，黏质。有薄纸质或纸质小叶 5~13 片，呈卵状披针形或卵形。花序顶生；花瓣紫绿色，长 3~4 毫米；雄花的雄蕊长于花瓣，雌蕊退化且短小。果蓝黑色，圆球形，直径约 1 厘米。种子一般有 5 粒。花期 5~6 月，果期 9~10 月。国家二级保护植物。

环境　多生于山地杂木林中或山区河谷沿岸；适应性强，喜阳光，耐严寒。

01
——

辽椴
Tilia mandshurica

锦葵科　Malvaceae
椴属　*Tilia*

特征　乔木，高可达 20 米，胸径约 50 厘米；树皮暗灰色。叶呈卵圆形，先端短且尖，基部为斜心形或截形，有侧脉 5~7 对，边缘锯齿呈三角形。聚伞花序，有花 6~12 朵；花瓣长 7~8 毫米，退化雄蕊与花瓣形状相近，略短小；雄蕊与萼片长度相等。果实球形。花期 7 月，果实 9 月成熟。

环境　多生于山坡、山脊和沟谷地带。

02
——

紫椴
Tilia amurensis

锦葵科　Malvaceae
椴属　*Tilia*

特征　落叶乔木，高 20~30 米。暗灰色树皮有纵裂，片状剥落。小枝黄褐色或红褐色，二年生枝紫褐色。单叶互生，叶片阔卵形或近圆形，边缘锯齿不整齐，齿间生有小芒刺块。聚伞花序，花序柄与苞片下半部合生；花瓣黄白色。果近球形。花果期为 6~9 月。国家二级保护植物。

环境　常单株散生于红松阔叶混交林内，垂直分布在海拔 800 米以下。

03
——

野西瓜苗
Hibiscus trionum

锦葵科　Malvaceae
木槿属　*Hibiscus*

特征　一年生直立或平卧草本。茎柔软，具星状白粗毛。叶二型，下部的叶为圆形，不分裂，上部的叶呈掌状，有 3~5 深裂。花单生于叶腋，有线形小苞片；花瓣 5，淡黄色，内面基部紫色。蒴果长圆状球形。花期 7~10 月。

环境　常见的田间杂草。生于全国各地，无论平原、山野、丘陵或田埂。

04
——

苘麻
Abutilon theophrasti

锦葵科　Malvaceae
苘麻属　*Abutilon*

特征　一年生亚灌木状草本。叶互生，呈圆心形，边缘锯齿细圆。花于叶腋处单生，近顶端生节；花瓣倒卵形，长约 1 厘米，黄色。蒴果半球形，顶端生长芒 2；种子褐色，肾形。花期 7~8 月。

环境　常见于路旁、荒地和田野间。

01
—

花旗杆
Dontostemon dentatus

十字花科　Brassicaceae
花旗杆属　*Dontostemon*

特征　二年生草本。叶椭圆状披针形，两面稍具毛。总状花序生枝顶，结果时长 10~20 厘米；花瓣淡紫色，倒卵形。长角果长圆柱形，光滑无毛。花期 5~7 月，果期 7~8 月。

环境　多生于石砾质山地、岩石隙间、山坡、林边及路旁。

02
—

小花糖芥
Erysimum cheiranthoides

十字花科　Brassicaceae
糖芥属　*Erysimum*

特征　一年生草本。茎直立，有棱角，分枝或不分枝。莲座状基生叶无柄，平铺地面；茎生叶披针形或线形。总状花序顶生；花瓣长圆形，浅黄色，下部生爪。长角果圆柱形有小棱，侧扁；果梗粗；种子卵形，每室 1 行。花期 5 月，果期 6 月。

环境　生于海拔 500~2000 米，山坡、山谷、路旁及村旁荒地。

03
—

密花独行菜
Lepidium densiflorum

十字花科　Brassicaceae
独行菜属　*Lepidium*

特征　一年生草本。茎上部分枝。基生叶长圆形，羽状分裂，有锯齿；茎上部叶线形。总状花序密生小花；无花瓣或花瓣退化。短角果圆状倒卵形，顶端微缺，有翅；种子卵形，黄褐色。花期 5~6 月，果期 6~7 月。

环境　生于海滨、沙地、农田及路边，为北美归化植物。

04
—

荠
Capsella bursa-pastoris

十字花科　Brassicaceae
荠属　*Capsella*

特征　一年或二年生草本。茎直立，不分枝或从下部分枝。基生叶丛生，大头羽状分裂，长圆形至卵形，顶端逐渐变尖，浅裂，或有不规则粗锯齿或接近全缘；茎生叶抱茎，为窄披针形或披针形。总状花序顶生及腋生；花瓣卵形，白色。短角果倒三角形或倒心状三角形，花果期 4~6 月。

环境　生于山坡、田边及路旁，野生，偶有栽培。

01
—

毛脉酸模
Rumex gmelinii

蓼科　Polygonaceae
酸模属　*Rumex*

特征　多年生草本。根状茎肥厚，支根较多；茎粗壮，有沟槽，中空。根生叶与茎下部叶都生有带沟的长柄，柄长可达 30 厘米；叶片三角状卵形或三角状心形，叶形变化较大，全缘或微皱波状；茎上部叶略小，三角状狭卵形或披针形，基部微心形；长筒状托叶鞘易破裂。圆锥状花序，通常具叶，花两性。三棱形小坚果深褐色，有光泽。花果期 6~8 月。

环境　生于灌木丛中、路旁、河岸及湿地。

02
—

蔓首乌
Fallopia convolvulus

蓼科　Polygonaceae
何首乌属　*Fallopia*

特征　一年生草本。茎缠绕。叶卵形或心形，边缘全缘；托叶鞘膜质。花序总状，腋生或顶生，花稀疏，下部间断。瘦果椭圆形，具 3 棱，包于宿存花被内。花期 5~8 月，果期 6~9 月。

环境　生于山坡草地、山谷灌丛、沟边湿地，海拔 100~3500 米。

03
—

叉分神血宁
Polygonum divaricatum

蓼科　Polygonaceae
蓼属　*Polygonum*

特征　多年生草本。茎直立，高 70~120 厘米，分枝呈叉状，开展。叶披针形或长圆形。花序圆锥状，分枝开展，每苞片内具 2~3 花，花被 5 深裂，白色。瘦果宽椭圆形，具 3 锐棱。花期 7~8 月，果期 8~9 月。

环境　生于山坡草地、山谷灌丛。

04
—

拳参
Polygonum bistorta

蓼科　Polygonaceae
蓼属　*Polygonum*

特征　多年生草本。根状茎黑褐色，肥厚且弯曲。茎直立，不分枝。基生叶纸质，宽披针形或狭卵形，长 4~18 厘米，宽 2~5 厘米，顶端逐渐变尖或急尖；托叶筒状，膜质。穗状总状花序顶生；花白色或淡红色，被 5 深裂。椭圆形瘦果两端尖，褐色。花期 6~7 月，果期 8~9 月。

环境　生于山坡草地、山顶草甸，海拔 800~3000 米。

01
——

酸模叶蓼
Persicaria lapathifolia

蓼科　Polygonaceae
蓼属　*Polygonum*

特征　一年生草本。茎直立，节部膨大。叶披针形或宽披针形，顶端逐渐变尖或急尖，上面多有一个大的黑褐色新月形斑点；叶柄较短。穗状总状花序腋生或顶生，花排列紧密，花被淡红色或白色，深裂 4~5。瘦果宽卵形，双凹。花期 6~8 月，果期 7~9 月。

环境　生于田边、路旁、水边、荒地或沟边湿地。

02
——

老牛筋
Arenaria juncea

石竹科　Caryophyllaceae
无心菜属　*Arenaria*

特征　多年生草本。叶片细线形，长 10~25 厘米，基部较宽，呈鞘状抱茎。聚伞花序；花瓣 5，白色，雄蕊 10，花丝线形。蒴果卵圆形，黄色。花果期 7~9 月。

环境　生于草原（含荒漠化草原）、山地疏林边缘、山坡草地、石隙间。

03
——

缀瓣繁缕
Stellaria radians

石竹科　Caryophyllaceae
繁缕属　*Stellaria*

特征　多年生草本。根茎纤细，有分枝。叶片细线形，长 10~25 厘米，基部较宽，呈鞘状抱茎。聚伞花序；花瓣 5，白色，雄蕊 10，花丝线形。蒴果卵圆形，黄色。花果期 7~9 月。

环境　生于草原（含荒漠化草原）、山地疏林边缘、山坡草地、石隙间。

04
——

长叶繁缕
Stellaria longifolia

石竹科　Caryophyllaceae
繁缕属　*Stellaria*

特征　多年生小草本植物。地下茎纤长。茎密集丛生，分枝较多；四棱形，因生有细齿状小突起而粗糙，有时平滑，很脆。叶片线形或宽线形，中脉明显。聚伞花序顶生或腋生；花瓣 5，白色，2 裂至花瓣近基部，裂片近线形；雄蕊 10，花丝线形，花药黄色。蒴果卵圆形；种子卵圆形或椭圆形，较平滑，褐色。

环境　生于林缘、湿润草甸或林下，目前尚未由人工引种栽培。

01

浅裂剪秋罗
Lychnis cognata

石竹科　Caryophyllaceae
剪秋罗属　*Lychnis*

特征　多年生草本，全株被稀疏长柔毛。叶片长圆状披针形或长圆形，基部宽楔形，顶端渐尖。二歧聚伞花序具数花，有时紧缩呈头状，花瓣橙红色或淡红色，副花冠顶端具齿。蒴果长椭圆状卵形。花期 6~7 月，果期 7~8 月。

环境　生于林下或灌丛草地。

02

白玉草
Silene vulgaris

石竹科　Caryophyllaceae
蝇子草属　*Silene*

特征　多年生草本。全株灰绿色，无毛。茎直立，丛生，从上部开始分枝，多灰白色。叶片卵状披针形、披针形或卵形，边缘有时生有小细齿。二歧聚伞花序较大；宽卵形花萼呈囊状；花瓣白色，露出花萼，轮廓倒卵形，深 2 裂几乎接近瓣片基部。蒴果近似圆球形。花期 6~8 月，果期 8~9 月。

环境　生于海拔 150~2700 米的草甸、灌丛中及林下多砾石的草地或撂荒地，有时生于农田中。

03

蔓茎蝇子草
Silene repens

石竹科　Caryophyllaceae
蝇子草属　*Silene*

特征　多年生草本。叶片线状披针形、披针形、倒披针形或长圆状披针形。总状圆锥花序，小聚伞花序常具 1~3 花；花萼筒状棒形，常带紫色，花瓣白色。蒴果卵形。花期 6~8 月，果期 7~9 月。

环境　生于林下、湿润草地、溪岸或石质草坡。

04

石竹
Dianthus chinensis

石竹科　Caryophyllaceae
石竹属　*Dianthus*

特征　多年生草本。叶片线状披针形，顶端逐渐变尖，基部略窄。花于枝端单生或数花集成聚伞花序；花瓣紫红色至白色，顶缘有齿裂，不整齐；雄蕊露出喉部外面。蒴果圆筒形，包于宿存萼内。花期 5~6 月，果期 7~9 月。

环境　生于草原和山坡草地。

01
—

藜
Chenopodium album

苋科　Amaranthaceae
藜属　*Chenopodium*

特征　一年生草本。茎直立、粗壮，生有条棱及绿色或紫红色枝条，分枝较多。叶片为菱状卵形至宽披针形，下面有粉。花两性，簇生于枝上部，穗状圆锥状或圆锥状花序大小不一。果皮与种子贴生；种子双凸镜状，横生。花果期 5~10 月。

环境　生于路旁、荒地及田间，为很难除掉的杂草。

02
—

苋
Amaranthus tricolor

苋科　Amaranthaceae
苋属　*Amaranthus*

特征　一年生草本。茎绿色或红色，较粗壮，分枝较多。叶片为卵形、菱状卵形或披针形，顶端圆钝或尖凹，基部楔形，全缘或波状缘，上下均无毛。花簇球形腋生，雄、雌花混生。胞果卵状矩圆形，有环状横裂，包裹在宿存花被片内。花期 5~8 月，果期 7~9 月。

环境　生于路旁、荒地及田间。

03
—

马齿苋
Portulaca oleracea

马齿苋科　Portulacaceae
马齿苋属　*Portulaca*

特征　一年生草本，全株无毛。茎平铺或斜生，分枝较多，紫红色，圆柱形。叶互生，叶片肥厚，扁平，呈倒卵形，类似马齿状。花无梗，簇生枝端；花瓣通常 5，黄色。蒴果卵球形，盖裂；种子细小。花期 5~8 月，果期 6~9 月。

环境　喜肥沃土壤，耐旱亦耐涝，生命力强，生于菜园、农田、路旁，为田间常见杂草。

04
—

红瑞木
Cornus alba

山茱萸科　Cornaceae
山茱萸属　*Cornus*

特征　落叶灌木，树皮紫红色。叶对生，纸质，椭圆形。伞房状聚伞花序顶生，较密，被白色短柔毛；花小，白色或淡黄白色，花瓣 4。核果长圆形，微扁，成熟时乳白色或蓝白色。花期 6~7 月，果期 8~10 月。

环境　生于杂木林或针阔叶混交林中。

01

02

03

04

01

小花溲疏
Deutzia parviflora

绣球科　Hydrangeaceae
溲疏属　*Deutzia*

特征　灌木，高约 2 米。老枝为灰色或灰褐色，表皮多片状剥落。叶卵形、椭圆状卵形或卵状披针形，纸质。伞房花序，直径 2~5 厘米，花较多；花蕾倒卵形或球形；花冠直径 8~15 厘米；花瓣阔倒卵形或近圆形，白色。蒴果球形，直径 2~3 毫米。花期 5~6 月，果期 8~10 月。

环境　生于海拔 1000~1500 米的山谷林缘。

02

东北山梅花
Philadelphus schrenkii

绣球科　Hydrangeaceae
山梅花属　*Philadelphus*

特征　灌木，高 2~4 米。当年生小枝暗褐色，被长柔毛，二年生小枝灰色或灰棕色，表皮脱落，无毛。叶片卵形或椭圆状卵形，长在花枝上的叶较小，上面无毛，下面沿叶脉有长柔毛。总状花序；花冠直径 2.5~3.5 厘米；花瓣白色，倒卵或长圆状倒卵形；花盘无毛；柱头槌形。蒴果椭圆形，种子有短尾。花期 6~7 月，果期 8~9 月。

环境　生于海拔 100~1500 米的杂木林中。

03

中华花荵
Polemonium chinense

花荵科　Polemoniaceae
花荵属　*Polemonium*

特征　多年生草本。羽状复叶互生，小叶互生，11~21 片，长卵形至披针形。聚伞圆锥花序；花冠紫蓝色，钟状；雄蕊着生于花冠筒基部之上，柱头稍伸出花冠之外。蒴果卵形。花期 7~8 月。

环境　生于山坡草丛、山谷疏林下、山坡路边灌丛或溪流附近湿处，在东北各地多生于草甸或草原。

04

点地梅
Androsace umbellata

报春花科　Primulaceae
点地梅属　*Androsace*

特征　一年生或二年生草本。叶全部基生，叶片近圆形或卵圆形。花葶通常数枚自叶丛中抽出；伞形花序，花梗纤细；花冠白色，喉部黄色，裂片倒卵状长圆形。蒴果近球形。花期 2~4 月，果期 5~6 月。

环境　生于林缘、草地和疏林下。

01

—

箭报春
Primula fistulosa

报春花科　Primulaceae
报春花属　*Primula*

特征　多年生草本。叶丛稍紧密，叶片矩圆形至矩圆状倒披针形，边缘具不整齐的浅齿。花葶粗壮，中空，呈管状；伞形花序通常密集呈球状；花冠玫瑰红色或红紫色，裂片倒卵形，先端2深裂。蒴果球形，与花萼近等长。花期5~6月。

环境　生于低湿地、草甸地和富含腐殖质的沙质草地。

02

—

狼尾花
Lysimachia barystachys

报春花科　Primulaceae
珍珠菜属　*Lysimachia*

特征　多年生草本，根茎横生，全株密生卷柔毛。茎直立。叶互生或接近对生，长圆状披针形、倒披针形、线形，柄极短。总状花序密生于顶部，花常转向一侧；花序轴长4~6厘米，结果时可伸长至30厘米；花冠白色，裂片舌状狭长圆形，常有深紫色短腺条；雄蕊藏于内，花丝有腺毛。蒴果球形，直径2.5~4毫米。花期5~8月，果期8~10月。

环境　生于草甸、山坡路旁灌丛间。

03

—

兴安杜鹃
Rhododendron dauricum

杜鹃花科　Ericaceae
杜鹃花属　*Rhododendron*

特征　半常绿灌木，多分枝。叶片接近革质，椭圆形，两端钝，全缘或有细钝齿，散生褐色鳞片。花序腋生枝顶或假顶生，花1~4，早于叶开放，伞形；花冠粉红色或紫红色，宽漏斗状，通常有柔毛；雄蕊10，比花冠短；花药紫红色，花丝下部有柔毛；子房5室，密被鳞片，紫红色花柱光滑，比花冠长。蒴果长圆形。花期5~6月，果期7月。

环境　生于山地落叶松林、桦木林下或林缘。

04

—

笃斯越橘
Vaccinium uliginosum

杜鹃花科　Ericaceae
越橘属　*Vaccinium*

特征　落叶灌木。茎细短，分枝较多，幼枝有少量柔毛，老枝无毛。叶散生，量多，叶片倒卵形、椭圆形至长圆形，纸质；叶柄较短，具微毛。花1~3朵腋生于去年生枝顶，下垂；花冠宽坛状，长约5毫米，绿白色，具浅裂4~5。浆果椭圆形或近球形，直径约1厘米，成熟时蓝紫色，表面有白粉。花期6月，果期7~8月。

环境　生于山坡落叶松林下、林缘，高山草原，沼泽湿地，海拔900~2300米。

01
—
茜草
Rubia cordifolia

茜草科　Rubiaceae
茜草属　*Rubia*

特征　草质攀援藤木。根状茎及节上的须根都是红色；茎细长，数至多条，生于根状茎的节上，方柱形，棱上有倒生的皮刺。叶通常 4 片轮生，披针形或长圆状披针形，纸质。聚伞花序生于叶腋和顶部；花冠淡黄色。果球形，成熟时橘黄色。花期 8~9 月，果期 10~11 月。

环境　常生于疏林、林缘、灌丛或草地上。

02
—
北方拉拉藤
Galium boreale

茜草科　Rubiaceae
拉拉藤属　*Galium*

特征　多年生直立草本，茎有 4 棱角。叶 4 片轮生，纸质或薄革质，狭披针形或线状披针形。聚伞花序着生于顶部和上部叶腋；花较小，花冠白色或淡黄色。果直径 1~2 毫米，果爿单生或双生。花期 5~8 月，果期 6~10 月。

环境　生于山坡、沟旁、草地的草丛、灌丛或林下，海拔 750~3900 米。

03
—
蓬子菜
Galium verum

茜草科　Rubiaceae
拉拉藤属　*Galium*

特征　多年生近直立草本。基部稍木质，茎有 4 角棱，被短柔毛。叶轮生，纸质，线形，上面无毛，略带光泽，下面生短柔毛。聚伞花序着生于顶部和叶腋，较大且多花；总花梗上的短柔毛较密；花小但稠密；黄色花冠呈辐状，无毛，花冠裂片卵形或长圆形，顶端略钝；花药黄色。果较小，果爿双生，近球状，无毛。花期 4~8 月，果期 5~10 月。

环境　生于山地、河滩、旷野、沟边、草地、灌丛或林下。

04
—
鳞叶龙胆
Gentiana squarrosa

龙胆科　Gentianaceae
龙胆属　*Gentiana*

特征　一年生小草本，高 2~8 厘米。茎黄绿色或紫红色，枝铺散，斜升。叶对生，基生叶大，在花期枯萎，宿存；茎生叶小，外反，倒卵状匙形或匙形。花多数，单生枝端；花冠蓝色，筒状漏斗形，长 7~10 毫米，裂片卵状三角形。蒴果外露，倒卵状矩圆形，有宽翅，两侧边缘有狭翅；种子黑褐色。果果期 4~9 月。

环境　生于山坡、山谷、山顶、干草原、河滩、荒地、路边、灌丛中。

01

秦艽
Gentiana macrophylla

龙胆科　Gentianaceae
龙胆属　*Gentiana*

特征　多年生草本，全株光滑无毛。须根多条，扭结或粘结成一个圆柱形的根。莲座丛叶卵状椭圆形或狭椭圆形；茎生叶椭圆状披针形或狭椭圆形。花多数，无花梗，簇生枝顶呈头状或腋生作轮状；花冠筒部黄绿色、冠蓝色或蓝紫色，壶形。蒴果内藏或先端外露，卵状椭圆形。花果期 7~10 月。

环境　生于河滩、路旁、水沟边、山坡草地、草甸、林下及林缘，海拔 400~2400 米。

02

花锚
Halenia corniculata

龙胆科　Gentianaceae
花锚属　*Halenia*

特征　一年生草本。根黄色或褐色，分枝。茎近似于四棱形，有细条棱。基生叶倒卵形或椭圆形，茎生叶椭圆状披针形或卵形，叶脉 3 条。聚伞花序，花4 数；黄色花冠呈钟形，裂片卵形或椭圆形，距长 4~6 毫米；雄蕊内藏。淡褐色蒴果卵圆形；褐色种子椭圆形或近圆形。花果期 7~9 月。

环境　生于海拔 200~1750 米的山坡草地、林下及林缘。

03

萝藦
Metaplexis japonica

夹竹桃科　Apocynaceae
萝藦属　*Metaplexis*

特征　多年生草质藤本，具乳汁。叶膜质，卵状心形，叶背粉绿色，叶柄长，顶端具丛生腺体。总状式聚伞花序腋生或腋外生，具长总花梗；花冠白色，有淡紫红色斑纹。蓇葖叉生，纺锤形，平滑无毛；种子扁平，顶端具白色绢质种毛。花期 7~8 月，果期 9~12 月。

环境　生于林边荒地、山脚、河边、路旁灌木丛中。

04

藤长苗
Calystegia pellita

旋花科　Convolvulaceae
打碗花属　*Calystegia*

特征　多年生草本，根细长。茎缠绕或下部直立，密被灰白色或黄褐色长柔毛。叶长圆形或长圆状线形，顶端钝圆或锐尖，具小短尖头，基部圆形、截形或微呈戟形。花腋生，单一；苞片卵形；花冠淡红色，漏斗状。蒴果近球形，径约 6 毫米。种子卵圆形，无毛。

环境　生于海拔 380~1700 米的平原路边、田边杂草中或山坡草丛。

01
—

龙葵
Solanum nigrum

茄科　Solanaceae
茄属　*Solanum*

特征　一年生草本，高 0.3~1 米。茎直立，多分枝。叶卵形，全缘或有不规则的波状粗齿，两面光滑或有疏短柔毛。花序短蝎尾状，腋外生，有 4~10 朵花；花萼杯状；花冠白色，辐状，裂片卵状三角形。浆果球形，熟时黑色；种子近卵形，压扁状。

环境　生于田边、荒地及村庄附近。

02
—

暴马丁香
Syringa reticulata subsp. *amurensis*

木樨科　Oleaceae
丁香属　*Syringa*

特征　落叶小乔木或大乔木，高 4~10 米。树皮紫灰褐色，有细裂纹。叶片厚纸质，卵状披针形或卵形，全缘。圆锥花序大而稀疏，长 20~25 厘米，较为密集；花冠白色，筒短，带芳香。矩圆形蒴果较平滑，或有疣状突起。花期 5~6 月，果期 9 月。

环境　生于山坡灌丛或林边、草地、沟边，或针阔叶混交林中。

03
—

花曲柳
Fraxinus chinensis subsp. *rhynchophylla*

木樨科　Oleaceae
梣属　*Fraxinus*

特征　落叶大乔木，高 12~15 米。树皮灰褐色，光滑，老时浅裂。当年生枝淡黄色，通直，无毛；一年生枝暗褐色，皮孔散生。羽状复叶长 15~35 厘米；小叶 5~7 枚，革质，阔卵形、倒卵形或卵状披针形。圆锥花序顶生或腋生于当年生枝梢，长约 10 厘米；雄花与两性花异株。翅果线形，花期 4~5 月，果期 9~10 月。

环境　生于山坡、河岸、路旁，海拔 1500 米以下。

04
—

水金凤
Impatiens noli-tangere

凤仙花科　Balsaminaceae
凤仙花属　*Impatiens*

特征　一年生草本，下部节常膨大。叶互生，卵形或卵状椭圆形，边缘有粗圆齿状齿。总状花序，具 2~4 花；花黄色，旗瓣先端微凹，背面中肋具绿色鸡冠状突起，唇瓣喉部散生橙红色斑点，基部渐狭成长内弯的距。蒴果线状圆柱形。花期 7~9 月。

环境　生于山坡林下、林缘草地或沟边。

01

柳穿鱼
Linaria vulgaris subsp. *sinensis*

车前科　Plantaginaceae
柳穿鱼属　*Linaria*

特征　多年生草本，高 20~80 厘米，茎叶无毛。茎直立，一般在上部分枝。叶通常数量多且互生，稀全部叶都成 4 枚轮生；条形，一般为单脉。总状花序，花密集，花期短；花萼裂片披针形，内面被腺毛，外面无毛；花冠黄色，上唇比下唇长，裂片卵形，下唇侧裂片卵圆形，中裂片舌状。蒴果卵球状，种子盘状，边缘有宽翅，成熟时中央常带瘤状突起。花期 6~9 月。

环境　生于山坡、路边、田边草地中或多砂的草原。

02

草本威灵仙
Veronicastrum sibiricum

车前科　Plantaginaceae
草灵仙属　*Veronicastrum*

特征　多年生草本，根状茎横生，长达 13 厘米，节间较短，根较多而呈须状。茎不分枝，圆柱形，无毛或多少被多细胞长柔毛。叶轮生，4~6 枚，矩圆形至宽条形，无毛或两面被稀疏的多细胞硬毛。长尾状花序顶生，各部分无毛；花萼裂片钻形，不超过花冠 1/2 长；花冠长 5~7 毫米，红紫色、紫色或淡紫色，裂片长 1.5~2 毫米。蒴果卵状，长约 3.5 毫米。种子椭圆形。花期 7~9 月。

环境　生于路边、山坡草地及山坡灌丛内。

03

细叶穗花
Pseudolysimachion linariifolium

车前科　Plantaginaceae
兔尾苗属　*Pseudolysimachion*

特征　根状茎短。茎直立，单生。叶全部互生或下部的对生，条形至条状长椭圆形，下端全缘而中上端边缘有三角状锯齿。总状花序单支或数支复出，长穗状；花冠蓝色、紫色，少白色。蒴果，长 2~3.5 毫米，宽 2~3.5 毫米。花期 6~9 月。

环境　生于草甸、草地、灌丛及疏林下。

01

02

03

01
——

平车前
Plantago depressa

车前科　Plantaginaceae
车前属　*Plantago*

特征　一年生或二年生草本。直根较长，侧根多，稍肉质。根茎较短。叶基生呈莲座状，水平、斜向或直立生长；叶片椭圆形、椭圆状披针形或卵状披针形，纸质，边缘具浅波状或不规则齿纹，5~7 条脉在上面略凹陷，而于背面明显隆起；叶柄基部扩大成鞘状。细圆柱状穗状花序；花冠白色；雄蕊着生于冠筒内面近顶端，同花柱明显外伸。蒴果卵状椭圆形至圆锥状卵形。椭圆形种子 4~5，黄褐色至黑色。花期 5~7 月，果期 7~9 月。

环境　生于草地、河滩、沟边、草甸、田间及路旁。

02
——

狸藻
Utricularia vulgaris

狸藻科　Lentibulariaceae
狸藻属　*Utricularia*

特征　水生草本。分枝较多，无毛。叶器多数，互生。匍匐枝及其分枝的顶端在秋季会产生球形或卵球形的冬芽。一般有多个斜卵球状捕虫囊，侧生于叶器裂片上，并在一侧开口。花序直立，中部以上具疏离花 3~10 朵。蒴果球形，长 3~5 毫米，周裂；褐色种子扁压，有网状突起。花期 6~8 月，果期 7~9 月。

环境　生于湖泊、池塘、沼泽及水田中。

03
——

水棘针
Amethystea caerulea

唇形科　Lamiaceae
水棘针属　*Amethystea*

特征　一年生草本，呈金字塔形分枝。茎四棱形，紫色、灰紫黑色或紫绿色，被微柔毛。叶柄紫色或紫绿色，具狭翅，被疏长硬毛；叶片三角形或近卵形，上面绿色或紫绿色。花序为由松散具长梗的聚伞花序所组成的圆锥花序；花冠蓝色或紫蓝色。小坚果倒卵状三棱形。花期 8~9 月，果期 9~10 月。

环境　生于田边旷野、河岸沙地、开阔路边及溪旁。

01
──

夏枯草
Prunella vulgaris

唇形科　Lamiaceae
夏枯草属　*Prunella*

特征　多年生草本。根茎匍匐，须根生于节上；茎浅紫色，基部多分枝。茎叶草质，卵状长圆形或卵圆形，大小不等。轮伞花序密生于顶部，呈穗状，每一轮伞花序下有宽心形苞片；花萼钟形；花冠紫、蓝紫或红紫色，二唇形，比萼稍长；花丝稍扁平，花柱纤细，先端钻形裂片外弯；花盘近似于平顶。小坚果黄褐色。花期 4~6 月，果期 7~10 月。

环境　生于荒坡、草地、溪边及路旁等湿润地上。

02
──

多裂叶荆芥
Nepeta multifida

唇形科　Lamiaceae
荆芥属　*Nepeta*

特征　多年生草本。根茎木质；茎半木质化，被白色长柔毛，侧枝极短。叶卵形，羽状深裂或分裂，有时浅裂至近全缘；下面白黄色，被白色短硬毛。多数轮伞花序组成连续的顶生穗状花序；苞片叶状，深裂或全缘、卵形、紫色，由下向上逐渐变小，先端骤尖，比花长；花冠蓝紫色，干后变成浅黄色，外被柔毛。小坚果褐色，扁长圆形。花期 7~9 月，果期 9 月以后。

环境　生于松林林缘、山坡草丛中或湿润的草原上。

03
──

薄荷
Mentha canadensis

唇形科　Lamiaceae
薄荷属　*Mentha*

特征　多年生草本。茎高 30~60 厘米，有 4 槽，下部几节生有细须根和水平匍匐根状茎，分枝较多。叶具柄，矩圆状披针形至披针状椭圆形，边缘在基部以上有稀疏的粗锯齿，上面沿脉密生柔毛，其余部分较稀疏。轮伞花序腋生，球形，有梗或无梗；花萼筒状钟形，萼齿狭三角状钻形；花冠淡紫色，外略被小柔毛；雄蕊 4，均长于花冠。小坚果卵球形。花期 7~9 月，果期 10 月。

环境　生于水旁潮湿地。

01
—

尾叶香茶菜
Isodon excisus

唇形科　Lamiaceae
香茶菜属　*Isodon*

特征　多年生草本，高可达 1 米。根状茎粗大且横生，表面疙瘩状，纤维状须根密生。茎高 0.6~1 米，黄褐色，上部草质，下部半木质，近四棱形，具四槽和细条纹。叶对生，圆形或卵圆形，先端深凹中有一长 4~6 厘米的尾状长尖顶齿，叶基宽楔形或近截形；叶面和叶背沿脉疏生短柔毛，其他处散生黄色腺点；3~4 对侧脉在两面隆起，平行细脉较明显；叶缘从中部开始锯齿较大，叶柄上部有翅，稍被柔毛。圆锥花序着生于顶部或上部叶腋；苞片卵状披针形；小苞片线形；花萼钟形；花冠两唇形，上唇外翻，下唇卵形，淡紫、紫或蓝色。4 枚小坚果顶端近圆，被毛和腺点，成熟时棕褐色。花期 7~8 月，果期 8~9 月。

环境　生于林缘、林荫下、路边、草地上。

02
—

黄芩
Scutellaria baicalensis

唇形科　Lamiaceae
黄芩属　*Scutellaria*

特征　多年生草本。根状茎肥厚，粗达 2 厘米，伸长。叶具短柄，披针形至条状披针形。花序顶生，总状，长 7~15 厘米，于茎顶常再聚成圆锥状；苞片下部者似叶，上部者远较小，卵状披针形；花萼长 4 毫米，盾片高 1.5 毫米，果时显著增大；花冠紫色、紫红色至蓝紫色，长 2.3~3 厘米，筒近基部明显膝曲，下唇中裂片三角状卵圆形。小坚果卵球形，具瘤，腹面近基部具果脐。花期 7~8 月，果期 8~9 月。

环境　生于向阳草坡地及撂荒地上。

03
—

鼬瓣花
Galeopsis bifida

唇形科　Lamiaceae
鼬瓣花属　*Galeopsis*

特征　一年生草本。茎直立，钝四棱形，具槽，节上密被多节长刚毛。茎叶卵圆状披针形或披针形，边缘有规则的圆齿状锯齿，上面贴生其节刚毛。轮伞花序腋生，多花密集；小苞片线形至披针形，先端刺尖，边缘有刚毛；花萼管状钟形，外面有平伸的刚毛，齿 5，先端为长刺状；花冠白、黄或粉紫红色，冠筒漏斗状，喉部增大，冠檐二唇形，上唇卵圆形，先端钝，具不等的数齿，外被刚毛，下唇 3 裂；雄蕊 4，均延伸至上唇片之下。小坚果倒卵状三棱形，褐色。花期 7~9 月。

环境　生于林缘、路旁、田边、灌丛、草地等处。

01
——

华水苏
Stachys chinensis

唇形科　Lamiaceae
水苏属　*Stachys*

特征　多年生草本，直立。茎叶长圆状披针形，先端钝，基部近圆形，边缘具锯齿状圆齿，叶柄极短。轮伞花序通常 6 花，远离而组成长穗状花序。花萼钟形，齿 5，具刺尖头。花冠紫色，长 1.5 厘米，外面仅于上唇被微柔毛，冠檐二唇形，上唇直立，长圆形，下唇平展，轮廓近圆形，3 裂，中裂片最大，近圆形。雄蕊 4，前对较长，均延伸至上唇片稍下方或与其相等，花丝丝状，中部以下明显被柔毛，花药卵圆形，2 室，室极叉开；子房黑褐色，无毛。小坚果卵圆状三棱形，褐色，无毛。花期 6~8 月，果期 7~9 月。

环境　生于水沟旁及沙地上。

02
——

益母草
Leonurus japonicus

唇形科　Lamiaceae
益母草属　*Leonurus*

特征　一年生或二年生直立草本。茎高 30~120 厘米，有倒向糙伏毛。茎下部叶轮廓卵形，掌状三裂，其上再分裂；中部叶轮廓为菱形，较小；花序最上部的苞叶近于无柄，线形或线状披针形。轮伞花序腋生，具 8~15 花，轮廓为圆球形，径 2~2.5 厘米，多数远离而组成长穗状花序；下有刺状小苞片；花萼筒状钟形，5 脉，齿 5，前 2 齿靠合；花冠粉红至淡紫红，花冠筒内有毛环，檐部二唇形，上唇外被柔毛，下唇 3 裂，中裂片倒心形。小坚果矩圆状三棱形。花期通常在 6~9 月，果期 9~10 月。

环境　生于林缘、路边。

03
——

透骨草
Phryma leptostachya
subsp. *asiatica*

透骨草科　Phrymaceae
透骨草属　*Phryma*

特征　多年生草本，高 30~80 厘米。茎直立，具四棱，不分枝或在上部有带花序的叉开分枝，分枝淡紫色或绿色，遍生短柔毛。叶对生，叶片草质，卵状披针形、卵状三角形至卵状长圆形或宽卵形，边缘有齿，两面散生但沿脉密被短柔毛。穗状花序生于茎顶及侧枝顶端；花通常多数，疏离，出自苞腋；花冠蓝紫色、淡红色至白色，漏斗状筒形，长 6.5~7.5 毫米。瘦果狭椭圆形。种子 1，基生，种皮薄膜质，与果皮合生。花期 6~10 月，果期 8~12 月。

环境　生于阴湿山谷或林下。

01
—

桔梗
Platycodon grandiflorus

桔梗科　Campanulaceae
桔梗属　*Platycodon*

特征　茎高 20~120 厘米，通常全株无毛，不分枝，或偶在上部分枝。叶全部轮生，部分轮生至全部互生；叶片卵形、卵状椭圆形至披针形，基部宽楔形至圆钝，顶端急尖，上面绿色而无毛，下面常有白粉而无毛，边缘有细锯齿；无柄或柄极短。花单生于顶端，或数朵集成假总状花序，或有花序分枝而集成圆锥花序；花萼钟状，筒部被白粉；裂片 5，常三角状，有时为齿状；花冠蓝色或紫色，较大。蒴果球状，或球状倒圆锥形、倒卵状，直径约 1 厘米。花期 7~9 月。

环境　生于山地、草坡或林边。

02
—

党参
Codonopsis pilosula

桔梗科　Campanulaceae
党参属　*Codonopsis*

特征　草质缠绕藤本，有白色乳汁。根胡萝卜状圆柱形，常在中部分枝。叶互生；叶片卵形或狭卵形，边缘有波状钝齿，两面有密或疏的短伏毛。花单生于枝端；花萼裂片 5；花冠淡黄绿色，宽钟状，长 1.8~2.4 厘米，5 浅裂，裂片正三角形，急尖；雄蕊 5；子房半下位，3 室。蒴果下部半球状，上部短圆锥状；种子多数，卵形，细小，棕黄色。花果期 7~10 月。

环境　生于林边或灌丛中。

03
—

羊乳
Codonopsis lanceolata

桔梗科　Campanulaceae
党参属　*Codonopsis*

特征　多年生草本植物。全株光滑无毛或茎叶偶疏生柔毛。根肥大，常呈纺锤状。茎缠绕，黄绿而微带紫色，分枝多但细短。叶小，于主茎上互生，但在小枝顶端通常 2~4 叶簇生，披针形或菱状狭卵形，全缘或有波状疏锯齿，叶脉明显。花于小枝顶端单生或对生；花冠阔钟状，黄绿色或乳白色，内有紫色斑；花盘肉质，深绿色。蒴果下部半球状，上部有喙。花果期 7~8 月。

环境　生于山地灌木林下沟边阴湿地区或阔叶林内。

01

—

聚花风铃草
Campanula glomerata
subsp. *cephalotes*

桔梗科　Campanulaceae
风铃草属　*Campanula*

特征　多年生草本，植株高 40~125 厘米，较高大。茎有时在上部分枝。茎叶几乎无毛或疏生白色硬毛或密被白色绒毛；长卵形至卵状披针形，全部叶边缘有尖锯齿；叶长 7~15 厘米，宽 1.7~7 厘米。头状花序通常很多，除茎顶有复头状花序外还有多个单生的头状花序；花冠紫色、蓝紫色或蓝色，管状钟形，长 1.5~2.5 厘米，分裂至中部。蒴果倒卵状圆锥形。

环境　生于草地及灌丛中。

02

—

紫斑风铃草
Campanula punctata

桔梗科　Campanulaceae
风铃草属　*Campanula*

特征　多年生草本。全株被刚毛，根状茎细长且横生。茎高 20~100 厘米，直立且粗壮，一般在上部分枝。基生叶片心状卵形，有长柄；茎生叶三角状卵形至披针形，边缘有不整齐的钝齿，下部的叶有带翅的长柄，上部的无柄。花于主茎及分枝上顶生，下垂；花萼裂片长三角形，裂片间有一个卵形至卵状披针形而反折的附属物，其边缘有芒状长刺毛；花冠筒状钟形，白色带紫斑，裂片有睫毛。蒴果半球状倒锥形，有明显的脉。灰褐色种子矩圆状，稍扁，长约 1 毫米。花期 6~9 月。

环境　生于山地林中、灌丛及草地中。

03

—

薄叶荠苨
Adenophora remotiflora

桔梗科　Campanulaceae
沙参属　*Adenophora*

特征　多年生草本。茎高大。叶片较长，通常卵形至卵状披针形，少数为卵圆形，基部多为平截形、圆钝至宽楔形，顶端渐尖，薄膜质，叶有长柄。聚伞花序一般为单花，呈假总状或狭圆锥状。花萼筒部倒卵状或倒卵状圆锥形，裂片较大；花冠蓝色，较大，长 2~3 厘米；花盘细长。花期 7~8 月。

环境　生于海拔 1700 米以下的林缘、林下或草地中。

01
—

轮叶沙参
Adenophora tetraphylla

桔梗科　Campanulaceae
沙参属　*Adenophora*

特征　多年生草本。茎高可达 1.5 米，无毛或少毛，不分枝。3~6 枚叶在茎上轮生，无柄或叶柄不明显；叶片卵圆形至条状披针形，两面疏被短柔毛，边缘有锯齿。花序狭圆锥状，花序分枝（聚伞花序）细短且大多轮生，生单花或数朵花。花萼筒部倒圆锥状，裂片钻状；花冠蓝色、蓝紫色，筒状细钟形，口部稍缢缩，长 7~11 毫米，裂片短，三角形，长 2 毫米；花柱长约 20 毫米。蒴果球状圆锥形或卵圆状圆锥形；黄棕色种子矩圆状圆锥形，稍扁，有一条棱，并扩展成一条白带，长 1 毫米。花期 7~9 月。

环境　生于草地和灌丛中。

02
—

展枝沙参
Adenophora divaricata

桔梗科　Campanulaceae
沙参属　*Adenophora*

特征　多年生草本。茎单生，不分枝，高达 1 米。茎生叶 3~4 轮，极少稍错开；叶片常菱状卵形至菱状圆形，顶端急尖或钝，边缘具锯齿，齿不内弯。花序常为宽金字塔状，花序分枝长而几乎平展；花萼筒部圆锥状；花冠钟状，蓝或蓝紫色，稀白色；花盘长 1.8~2.5 毫米。花期 7~8 月。

环境　生于林下、灌丛和草地中。

03
—

苍术
Atractylodes lancea

菊科　Asteraceae
苍术属　*Atractylodes*

特征　多年生草本。根状茎平卧或斜升，粗长或通常呈疙瘩状。茎直立，下部或中部以下常紫红色。基部叶花期脱落；中下部茎叶羽状深裂或半裂，基部楔形或宽楔形，几无柄，扩大半抱茎，上部的叶基部有时有 1~2 对三角形刺齿裂。头状花序单生茎枝顶端，但不形成明显的花序式排列；全部苞片顶端钝或圆形，中内层或内层苞片上部有时变红紫色；小花白色。瘦果倒卵圆状。花果期 6~10 月。

环境　生于山坡草地、林下、灌丛及岩缝隙中。

01

—

山牛蒡
Synurus deltoides

菊科　Asteraceae
山牛蒡属　*Synurus*

特征　多年生草本，高 0.7~1.5 米。茎直立、单生、粗壮，茎枝粗壮，灰白色，被绒毛。叶有狭翼，叶片心形、卵形或戟形，边缘有锯齿或针刺；叶上面绿色，粗糙，下面灰白色，被密厚的绒毛。头状花序大，下垂；总苞球形，被稠密而膨松的蛛丝毛；总苞片通常 13~15 层，有时变紫红色，披针形。小花全部为两性，管状，花冠紫红色。瘦果长椭圆形，浅褐色；冠毛褐色。花果期 6~10 月。

环境　生于山坡林缘、林下或草甸。

02

—

牛蒡
Arctium lappa

菊科　Asteraceae
牛蒡属　*Arctium*

特征　二年生草本，直根肉质。茎粗壮，带紫色，上部多分枝。基生叶宽卵形，基部心形，上部叶渐小；叶下面，尤其是叶柄常被蛛丝状绵毛及黄色小腺点，呈灰白色。头状花序在茎枝顶端排成疏松的伞房花序或圆锥状伞房花序；总苞球形，总苞片披针形，顶端钩状内弯；两性管状花，淡紫色。瘦果椭圆形或倒卵形，灰黑色；冠毛短刚毛状。花果期 6~9 月。

环境　生于山坡、山谷、林缘、林中、灌木丛中、河边潮湿地、村庄路旁或荒地。

03

—

刺儿菜
Cirsium arvense var. *integrifolium*

菊科　Asteraceae
蓟属　*Cirsium*

特征　多年生草本。茎直立，上部分枝，被疏毛或绵毛。叶互生，基部叶具柄，上部叶基部抱茎，叶片羽状分裂有刺。头状花序大，单生或数个聚生枝端，密被绵毛；总苞片外层顶端具长刺；花紫红色。瘦果；冠毛羽状。花果期 5~9 月。

环境　生于山坡、河旁或荒地、田间。

04

—

林蓟
Cirsium schantarense

菊科　Asteraceae
蓟属　*Cirsium*

特征　多年生草本。茎直立，上部分枝。基部叶花期脱落，羽裂，上部及最上部的叶不裂，线形或披针形，基部耳状扩大半抱茎；叶质地薄。头状花序下垂，生茎枝顶端，花序梗长；总苞宽钟状 6 层，覆瓦状排列；小花紫红色。瘦果淡黄色，倒披针状长椭圆形；冠毛淡褐色长羽毛状。花果期 6~9 月。

环境　生于林中及林缘潮湿处、河边或草甸。

01

—

烟管蓟
Cirsium pendulum

菊科　Asteraceae
蓟属　*Cirsium*

特征　多年生草本。茎直立，粗壮，上部分枝。基生叶及下部茎叶二回羽状分裂，一回为深裂；上部叶渐小。头状花序下垂，在茎枝顶端排成总状圆锥花序。总苞钟状，总苞片约 10 层，覆瓦状排列，上部或中部以上钻状，向外反折或开展。小花紫色或红色，花冠长 2.2 厘米，管部细丝状。瘦果偏斜楔状倒披针形，顶端斜截形，冠毛污白色。花果期 6~9 月。

环境　生于山谷、山坡草地、林缘、林下、岩石缝隙、溪旁及村旁。

02

—

节毛飞廉
Carduus acanthoides

菊科　Asteraceae
飞廉属　*Carduus*

特征　二年生或多年生草本植物。茎圆柱形，具纵棱，并附有绿色的翅，翅有针刺。叶椭圆状披针形，羽状深裂，裂片边缘具刺。头状花序干缩，总苞钟形，黄褐色；花紫红色，5 深裂，裂片线形。瘦果长椭圆形，中部收窄，浅褐色；冠毛多层，白色，刚毛状。花果期 5~10 月。

环境　生于山谷、田边或草地。

03

—

漏芦
Rhaponticum uniflorum

菊科　Asteraceae
漏芦属　*Rhaponticum*

特征　多年生草本。根状茎粗厚，茎直立，不分枝，簇生或单生，灰白色，被绵毛。叶羽状深裂或近全缘，质地柔软，两面灰白色，被蛛丝毛、多细胞糙毛和黄色小腺点。头状花序于茎顶单生，有粗壮的花序梗；总苞半球形，约 9 层，顶端有膜质附属物，浅褐色；小花均为两性，管状，花冠紫红色。瘦果 3~4 棱；冠毛刚毛糙毛状，褐色。花果期 4~9 月。

环境　生于山坡丘陵地、松林下或桦木林下，海拔 390~2700 米。

04

—

华北鸦葱
Scorzonera albicaulis

菊科　Asteraceae
鸦葱属　*Scorzonera*

特征　多年生草本。根倒圆锥状或圆柱状。茎单生或少数簇生，上部有伞房状或聚伞花序状分枝，茎枝被白色绒毛，但花序部无毛。基生叶与茎生叶同为线形、宽线形或线状长椭圆形，全缘，两面光滑。头状花序排成伞房花序生于茎枝顶端；总苞圆柱状；舌状小花黄色。瘦果圆柱状；冠毛污黄色。花果期 5~9 月。

环境　生于山谷或山坡杂木林下或林缘、灌丛中，或生于荒地、火烧迹地、田间，海拔 250~2500 米。

01
—

山柳菊
Hieracium umbellatum

菊科　Asteraceae
山柳菊属　*Hieracium*

特征　多年生草本植物。茎上部被白色的小星状毛。基生叶及下部茎生叶花期脱落；向上叶渐小，互生，无柄，披针形至狭线形。头状花序常在茎枝顶端排成伞房花序或伞房圆锥花序；总苞黑绿色，钟状；舌状小花黄色。瘦果黑紫色，圆柱形，有 10 条高起的等粗的细肋；冠毛淡黄色，糙毛状。花果期 7~9 月。

环境　生于山坡林缘、林下或草丛中、松林代木迹地及河滩沙地。

02
—

山莴苣
Lactuca sibirica

菊科　Asteraceae
莴苣属　*Lactuca*

特征　多年生草本。茎通常单生，常淡红紫色。中下部茎叶披针形，无柄，两面光滑无毛。头状花序含舌状小花约 20 枚，多数在茎枝顶端排成伞房花序或伞房圆锥花序；总苞片 3~4 层，通常淡紫红色，无毛；舌状小花蓝色或蓝紫色。瘦果长椭圆形或椭圆形，褐色或橄榄色；冠毛纤细白色。花果期 7~9 月。

环境　生于林缘、林下、草甸、河岸等地。

03
—

日本毛连菜
Picris japonica

菊科　Asteraceae
毛连菜属　*Picris*

特征　多年生草本。茎直立，被黑色钩状硬毛。下部茎叶倒披针形，边缘有齿；中部茎叶披针形，两面均被分叉的钩状硬毛；上部茎叶线状披针形。头状花序多数，在茎枝顶端排成伞房花序或伞房圆锥花序，有线形苞叶；总苞圆柱状钟形，总苞片 3 层，黑绿色，被黑色硬毛，舌状小花黄色。瘦果椭圆状，棕褐色；冠毛污白色，羽毛状。花果期 6~10 月。

环境　生于山坡草地、林缘、灌丛或林间荒地、田边、河边、高山草甸。

04
—

蒲公英
Taraxacum mongolicum

菊科　Asteraceae
蒲公英属　*Taraxacum*

特征　多年生草本植物。根黑褐色，圆锥状。叶倒卵状披针形，边缘有时有羽状或波状齿深裂，叶柄及主脉常带红紫色。花葶 1 至数个，几与叶长，上部紫红色，密被白色长柔毛。头状花序，总苞钟状；舌状花黄色，边缘花舌片背面有紫红色条纹。瘦果倒卵状披针形，暗褐色；冠毛白色。花期 4~9 月，果期 5~10 月。

环境　生于中、低海拔地区的山坡草地、路边、田野、河滩。

01

山尖子
Parasenecio hastatus

菊科　Asteraceae
蟹甲草属　*Parasenecio*

特征　多年生草本。茎坚硬，直立，高 40~150 厘米，不分枝，具纵沟棱。下部叶在花期枯萎凋落，中部叶片三角状戟形，沿叶柄下延成狭翅，边缘具不规则的细尖齿，下面密被柔毛。头状花序多数，下垂，多排列成塔状的狭圆锥花序；总苞圆柱形，总苞片 7~8，线形或披针形；花冠淡白色，花药伸出花冠，花柱分枝细长。瘦果圆柱形，具肋；冠毛白色。花期 7~8 月，果期 9 月。

环境　生于林下、林缘或草丛中。

02

蹄叶橐吾
Ligularia fischeri

菊科　Asteraceae
橐吾属　*Ligularia*

特征　多年生草本。茎直立，高 80~200 厘米。叶片肾形，较宽大边缘有整齐的锯齿；叶脉掌状，5~7 条主脉突起。多数头状花序排列成总状花序；苞片卵形或卵状披针形，草质；总苞钟形，总苞片 2 层 8~9 枚；舌状花 5~6，舌片长圆形，黄色；管状花多数。瘦果圆柱形，冠毛红褐色。花果期 7~10 月。

环境　生于水边、草甸、山坡、灌丛中、林缘及林下。

03

狗舌草
Tephroseris kirilowii

菊科　Asteraceae
狗舌草属　*Tephroseris*

特征　多年生草本。茎单生，不分枝，密被白色蛛丝状毛。基生叶数片，莲座状，长圆形，两面被白色蛛丝状绒毛；茎叶少数，向茎上渐小。头状花序 3~11 个顶生排列成伞房花序；总苞近圆柱状钟形，总苞片 18~20 个，披针形；舌状花 13~15，舌片黄色，长圆形，顶端钝，具 3 细齿；管状花多数，花冠黄色，裂片卵状披针形。瘦果圆柱形，密被硬毛；冠毛白色。花期 2~8 月。

环境　生于草地、山坡或山顶阳处。

04

红轮狗舌草
Tephroseris flammea

菊科　Asteraceae
狗舌草属　*Tephroseris*

特征　多年生草本。茎直立，被白色蛛丝状密毛。下部茎叶倒披针状长圆形，边缘具齿，两面被蛛丝状绒毛；中部茎叶无柄，椭圆形；上部茎叶渐小，线状披针形至线形。头状花序，2~9 个排列成近伞形状伞房花序，总苞钟状，总苞片约 25，披针形或线状披针形，深紫色；舌状花 13~15，舌片深橙色或橙红色，线形；管状花多数，花冠黄色或紫黄色。瘦果圆柱形，被柔毛；冠毛淡白色。花期 7~8 月。

环境　生于山地、草原及林缘。

01

林荫千里光
Senecio nemorensis

菊科　Asteraceae
千里光属　*Senecio*

特征　多年生草本。茎单生或有时数个，直立，花序下不分枝，被疏柔毛或近无毛。中部茎叶披针形，边缘具密锯齿，两面被疏短柔毛或近无毛；上部叶渐小，线状披针形至线形。头状花序在茎端或枝端或上部叶腋排成复伞房花序；舌状花 8~10，舌片黄色，线状长圆形；管状花 15~16，花冠黄色，裂片卵状三角形。瘦果圆柱形，无毛；冠毛白色。花期 6~12 月。

环境　生于林中开阔处、草地或溪边。

02

麻叶千里光
Senecio cannabifolius

菊科　Asteraceae
千里光属　*Senecio*

特征　多年生根状茎草本。茎直立，不分枝，中空，无毛。基生叶和下部茎叶在花期凋萎；中部茎叶长圆状披针形，纸质，有柄，不分裂或羽状分裂，边缘有内弯的尖锯齿。头状花序辐射状，多数排列成顶生宽复伞房状花序。舌状花 8~10，舌片黄色；管状花约 21，花冠黄色，裂片卵状披针形。瘦果圆柱形，无毛；冠毛禾秆色。

环境　生于草地、林下或林缘。

03

火绒草
Leontopodium leontopodioides

菊科　Asteraceae
火绒草属　*Leontopodium*

特征　多年生草本。地下茎粗壮，有短分枝。茎纤细，通常不分枝，上部叶较密，下部叶较疏。叶直立，条形或条状披针形，上面灰绿色，被柔毛，下面密被灰白色或白色绵毛或绢毛。头状花序较大，多 3~7 个密集而生，在雌株常排列成伞房状；总苞半球形，被白色绵毛；小花常雌雄异株，雄花花冠狭漏斗状，雌花花冠丝状，并于花后生长。瘦果有乳头状突起或密粗毛，冠毛白色。花果期 7~10 月。

环境　生于干旱草原、黄土坡地、石砾地、山区草地。

04

阿尔泰狗娃花
Aster altaicus

菊科　Asteraceae
紫菀属　*Aster*

特征　多年生草本。茎直立。基部叶于花期枯萎；下部叶条形、倒披针形或近匙形，全缘或有疏齿；上部叶条形，逐渐狭小；叶两面或下面被毛，常有腺点。头状花序单生枝端或排成伞房状；总苞半球形；舌状花约 20 个，舌片浅蓝紫色；管状花裂片不等大。瘦果倒卵状矩圆形；冠毛污白色或红褐色。花果期 5~9 月。

环境　生于草原、荒漠地、沙地及干旱山地。海拔 4000 米以下。

01

全叶马兰
Aster pekinensis

菊科　Asteraceae
紫菀属　*Aster*

特征　多年生草本，直根呈长纺锤状。茎高 30~70 厘米，单生或数个丛生，中部以上有帚状分枝。下部叶在花期枯萎；中部叶条状披针形、倒披针形或矩圆形，多而密；上部叶较小。头状花序成疏伞房状单生于枝端。总苞半球形，舌片淡紫色；管状花有毛。瘦果倒卵形。花期 6~10 月，果期 7~11 月。

环境　生于山坡、林缘、灌丛、路旁。

02

三脉紫菀
Aster trinervius subsp.
ageratoides

菊科　Asteraceae
紫菀属　*Aster*

特征　多年生草本。茎直立，高 40~100 厘米，有棱及沟。中部叶椭圆形或矩圆状披针形，边缘有 3~7 对锯齿；全部叶纸质，有离基三出脉。头状花序排列成伞房状或圆锥伞房状；总苞倒锥状或半球形，上部绿色或紫褐色，下部干膜质；舌状花 10 多个，舌片紫色、浅红色或白色；管状花黄色。瘦果倒卵状长圆形，灰褐色；冠毛浅红褐色或污白色。花果期 7~12 月。

环境　生于山坡林下、山谷灌丛、路旁。

03

紫菀
Aster tataricus

菊科　Asteraceae
紫菀属　*Aster*

特征　多年生草本。茎直立，粗壮，高 40~50 厘米，基部有棱及沟。基部叶花期枯萎，长圆状；中下部叶长圆披针形；上部叶狭小；全部叶厚纸质，上面被短糙毛，下面短粗毛。头状花序，在茎和枝端排列成复伞房状，有线形苞叶；舌状花约 20 余个，舌片蓝紫色，管状花稍有毛，黄色。瘦果倒卵状长圆形，紫褐色，上部被疏粗毛；冠毛污白色或带红色。花期 7~9 月，果期 8~10 月。

环境　生于低山阴坡湿地、山顶和低山草地及沼泽地。

04

东风菜
Doellingeria scaber

菊科　Asteraceae
白头菀属　*Doellingeria*

特征　多年生草本。茎直立，高 100~150 厘米。基部叶在花期枯萎，叶片心形；中部叶卵状三角形；上部叶小，矩圆披针形或条形；全部叶两面微被糙毛。头状花序排列成圆锥伞房状；总苞半球形；舌状花约 10 个，舌片白色；管状花檐部钟状，裂片线状。瘦果倒卵圆形。花期 6~10 月，果期 8~10 月。

环境　生于山谷坡地、草地和灌丛中，极常见。

01

小红菊
Chrysanthemum chanetii

菊科　Asteraceae
菊属　*Chrysanthemum*

特征　多年生草本，有地下匍匐根状茎。中部茎叶肾形、近圆形，通常 3~5 掌状或掌式羽状浅裂或半裂。头状花序，常多个在茎枝顶端排成疏松伞房花序；总苞碟形，全部苞片边缘白色或褐色膜质；舌状花白色、粉红色或紫色，顶端 2~3 齿裂。瘦果。花果期 7~10 月。

环境　生于草原、山坡林缘、灌丛及河滩与沟边。

02

白山蒿
Artemisia lagocephala

菊科　Asteraceae
蒿属　*Artemisia*

特征　半灌木状草本。茎高 40~80 厘米，丛生，有纵棱，下部木质，上部有长短不一的细分枝。叶厚纸质，披针形，叶面暗绿色，背面密被平贴的灰白色短柔毛。头状花序半球形或近球形，并在茎上组成狭圆锥花序或为总状花序；雌花 7~10 朵，两性花 30~80 朵，花冠管状。瘦果椭圆形或倒卵形。花果期 8~10 月。

环境　生于海拔 1400 米以上的山坡、砾质坡地、山脊或林缘、路旁及森林草原等。

03

齿叶蓍
Achillea acuminata

菊科　Asteraceae
蓍属　*Achillea*

特征　多年生草本。茎单生，高 30~100 厘米，有时具分枝。基部和下部叶在花期凋落，中部叶披针形，无柄，叶边缘有整齐上弯的重小锯齿，齿端生软骨质小尖；头状花序较多数，排成稀疏的伞房状；总苞半球形；边缘舌状花 14 朵；舌片白色，顶端 3 圆齿；两性管状花白色。瘦果倒披针形。花果期 7~8 月。

环境　生于山坡下湿地、草甸、林缘。

04

短瓣蓍
Achillea ptarmicoides

菊科　Asteraceae
蓍属　*Achillea*

特征　多年生草本，根状茎较短。茎直立，高 70~100 厘米，一般不分枝，疏被白色柔毛及黄色腺点。叶条形至条状披针形，无柄，篦齿状羽状深裂或近全裂，裂片边缘有不整齐的锯齿。头状花序矩圆形，集成伞房状；总苞钟状，淡黄绿色，总苞片 3 层，覆瓦状排列；边花 6~8 朵，舌片淡黄白色，极小；管状花白色，顶端 5 齿。瘦果矩圆形或宽倒披针形，无毛。花果期 7~9 月。

环境　生于河谷草甸、山坡路旁、灌丛间。

01

旋覆花
Inula japonica

菊科　Asteraceae
旋覆花属　*Inula*

特征　多年生草本，高30~70厘米。叶狭椭圆形，至上部渐狭小，线状披针形。头状花序，多或少数排成疏散的伞房状，梗细；总苞片半球形，约6层，线状披针形；舌状花黄色，舌片线形，顶端有3小齿；管状花有三角披针形裂片。瘦果，圆柱形；冠毛白色。花期6~10月，果期9~11月。

环境　生于山坡路旁、湿润草地、河岸和田埂上。

02

小花鬼针草
Bidens parviflora

菊科　Asteraceae
鬼针草属　*Bidens*

特征　一年生草本。茎下部圆柱形，有纵条纹，中上部常为钝四方形。叶对生，具柄，叶片二至三回羽状分裂，上面被短柔毛。头状花序，具长梗；总苞筒状，基部被柔毛；无舌状花，盘花两性，6~12朵；花冠筒状，冠檐4齿裂。瘦果条形，有小刚毛，顶端芒刺2枚，有倒刺毛。

环境　生于路边荒地、林下及水沟边。

03

苍耳
Xanthium sibiricum

菊科　Asteraceae
苍耳属　*Xanthium*

特征　一年生草本，高20~90厘米。茎直立，少有分枝。叶三角状卵形或心形，近全缘，或有3~5不明显浅裂，有三基出脉。雄性的头状花序球形，有多数的雄花；雌性的头状花序椭圆形，在瘦果成熟时变坚硬。瘦果2，倒卵形，外疏生有具钩状的硬刺，常贴附于家畜和人体上，易于散布。花期7~8月，果期9~10月。

环境　生于平原、丘陵、低山、荒野路边、田边，为常见田间杂草。

04

接骨木
Sambucus williamsii

五福花科　Adoxaceae
接骨木属　*Sambucus*

特征　灌木至小乔木，高5~6米；老枝淡红褐色，有皮孔，髓部淡褐色。奇数羽状复叶有小叶2~3对；小叶基部常不对称，边有锯齿，揉碎后有臭味。圆锥形聚伞花序顶生；花小而密，白色至淡黄色；花冠辐状，裂片5；雄蕊5，约与花冠等长。浆果状核果近球形，红色，极少蓝紫色。花期5~6月，果熟期9~10月。

环境　生于山坡、灌丛、沟边、路旁、宅边等地。

01
—

金银忍冬
Lonicera maackii

忍冬科　Caprifoliaceae
忍冬属　*Lonicera*

特征　落叶灌木，高达 6 米。幼枝、叶脉、叶柄、苞片等均被短柔毛和微腺毛。小冬芽卵圆形，有鳞片。叶常卵状椭圆形至卵状披针形，顶端渐尖，纸质。花生于幼枝叶腋，总花梗较短；苞片条形；花冠先白色后变黄色，唇形，筒长约为唇瓣的一半。果实圆形，暗红色；种子具蜂窝状小凹点。花期 5~6 月，果期 8~10 月。

环境　生于林中或林缘溪流附近的灌木丛中。

02
—

败酱
Patrinia scabiosaefolia

忍冬科　Caprifoliaceae
败酱属　*Patrinia*

特征　多年生草本，根状茎横生或斜长，节处细根较多。茎直立，黄绿色至黄棕色，有时带淡紫色。基生叶丛生、卵形，花时枯落；茎生叶对生，宽卵形至披针形，多羽状深裂或全裂；叶缘生粗锯齿。聚伞花序组成大型伞房花序，顶生；花冠钟形，黄色，雄蕊 4。瘦果长圆形，有 3 棱。花期 7~9 月。

环境　生于山坡林下、林缘和灌丛中以及路边、田埂边的草丛中。

03
—

缬草
Valeriana officinalis

忍冬科　Caprifoliaceae
缬草属　*Valeriana*

特征　多年生草本，高可达 100~150 厘米。根状茎粗短呈头状，须根簇生。茎中空，有纵棱，被粗毛。茎生叶卵形至宽卵形，羽状深裂，裂片 7~11，中央裂片与两侧裂片近同形同大，两面及柄轴多少被毛。花成伞房状三出聚伞圆锥花序；花冠淡紫红或白色，花冠裂片椭圆形，雌雄蕊约与花冠等长。瘦果长卵形，长约 4~5 毫米，基部近平截。花期 5~7 月，果期 6~10 月。

环境　生于山坡草地、林下、沟边。

04
—

蓝盆花
Scabiosa comosa

忍冬科　Caprifoliaceae
蓝盆花属　*Scabiosa*

特征　多年生草本，高 30~80 厘米。茎直立，黄白色或带紫色，具棱。基生叶成丛，羽状全裂；茎生叶对生，基部连接成短鞘，抱茎，一至二回羽状全裂，裂片线形。头状花序单生或三出；花萼 5 裂细长针状；花冠蓝紫色，外面密生短柔毛；中央花冠筒状，边缘花二唇形，上唇 2 裂，较短，下唇 3 裂，较长，倒卵形。瘦果长圆形，顶端有宿存萼刺。花期 7~8 月，果期 9 月。

环境　生于山坡、草地或荒坡上。

01

刺五加
Eleutherococcus senticosus

五加科　Araliaceae
五加属　*Eleutherococcus*

特征　灌木，高 1~6 米；分枝较多，1~2 年枝上通常密生细长且向下的针状刺，刺脱落后会留下圆形刺痕。通常有小叶 5，叶片椭圆状倒卵形，边缘有锐利重锯齿，纸质。伞形花序单生于顶，或 2~6 个组成疏圆锥花序；花紫黄色，花瓣 5，雄蕊 5。果实黑色，球形或卵球形，具 5 棱。花期 6~7 月，果期 8~10 月。
环境　生于森林或灌丛中，海拔数百米至 2000 米。

02

大叶柴胡
Bupleurum longiradiatum

伞形科　Apiaceae
柴胡属　*Bupleurum*

特征　多年生高大草本，高 80~150 厘米。根茎弯曲，黄棕色，质坚，环节密生且多须根。茎多分枝，有粗槽纹。叶疏生，大形，基生叶广卵形、椭圆形或披针形。伞形花序多数较宽大；小伞形花序有花 5~16，花深黄色。果长圆状椭圆形，暗褐色，被白粉。花期 8~9 月，果期 9~10 月。
环境　生于林下、林缘、溪旁、灌丛及山谷草地。

03

兴安柴胡
Bupleurum sibiricum

伞形科　Apiaceae
柴胡属　*Bupleurum*

特征　多年生草本。数茎成丛生状。基生叶与中部叶狭长披针形；茎下部叶叶柄短而阔；茎上部叶披针形，有 17~23 条由基部射出的细脉。复伞形花序少数；小伞形花序有花 10~22；花瓣鲜黄色，小舌片大，近长方形。果实成熟时暗褐色，微有白霜，广卵状椭圆形。果棱狭翼状。花期 7~8 月，果期 8~9 月。
环境　生于海拔 300~800 米山坡。

04

毒芹
Cicuta virosa

伞形科　Apiaceae
毒芹属　*Cicuta*

特征　多年生粗壮草本，高 70~100 厘米。茎单生，直立而中空，有条纹，基部有时略带淡紫色。基生叶抱茎，二至三回羽状分裂；上部茎生叶一至二回羽状分裂，末回裂片狭披针形。复伞形花序，小伞形花序有花 15~35；萼齿卵状三角形；花瓣白色，倒卵形或近圆形，顶端有内折的小舌片。分生果近卵圆形，花果期 7~8 月。
环境　生于杂木林下、湿地或水沟边。

01

—

白芷
Angelica dahurica

伞形科　Apiaceae
当归属　*Angelica*

特征　多年生高大草本。根圆柱形，直径 3~5 厘米，有分枝，表皮黄褐色至褐色，气味浓烈。基生叶一回羽状分裂，茎上部叶二至三回羽状分裂，卵形至三角形，叶鞘膜质。复伞形花序顶生或侧生，花白色；无萼齿。果实黄棕色，有时带紫色，长圆形至卵圆形。花期 7~8 月，果期 8~9 月。

环境　生于林下、林缘、溪旁、灌丛及山谷草地。

02

—

黑水当归
Angelica amurensis

伞形科　Apiaceae
当归属　*Angelica*

特征　多年生草本。根圆锥形，外皮黑褐色，枝根数个。茎高 60~150 厘米，中空。基生叶有长叶柄，茎生叶二至三回羽状分裂，叶片宽三角状卵形。复伞形花序；花白色，萼齿不明显。果实黑褐色，长卵形至卵形。花期 7~8 月，果期 8~9 月。

环境　生于山坡、草地、杂木林下、林缘、灌丛及河岸溪流旁。

03

—

兴安独活
Heracleum dissectum

伞形科　Apiaceae
独活属　*Heracleum*

特征　多年生草本。根纺锤形，棕黄色，有分歧。茎直立，具棱槽，被粗毛。基生叶柄较长，被粗毛，基部成鞘状；叶片三出羽状分裂，有 3~5 片小叶；茎上部叶渐简化，叶柄全部成宽鞘状。复伞形花序顶生和侧生；花瓣白色，二型。果实椭圆形或倒卵形。花期 7~8 月，果期 8~9 月。

环境　生于湿草地、草甸子、山坡林下及林缘。

01

02

03

昆虫及其他节肢动物

Insect and other Arthropod

昆虫，种类繁多、形态各异，是地球上种类最多的动物，属于无脊椎动物中的节肢动物类。

黑龙江胜山国家级自然保护区位于小兴安岭最北端，昆虫资源十分丰富，在动物地理上属古北区。通过踏查、标准地调查、野外采集和灯诱等方式，本次生物多样性考察共记录到昆虫11目、66科、112属、120种，以鳞翅目、鞘翅目较多，蛛形纲2目、7科、7属、7种，倍足纲1种。然而，这对整个胜山保护区的昆虫丰富程度而言，仍然只是很小的一部分。

在本次生物多样性调查中，稻水象甲为全国二类检疫性害虫，为入侵物种，其原产于北美洲，现已分布达十余个省市，除青海、西藏等地区外都可能有分布。白绢蝶为绢蝶属少数非山地物种，发现量较少。其除了在昆虫学研究中有特殊的研究价值外，它还具有独特的外观形态，有较高的观赏价值，是我国"三有"保护动物。

昆虫及其他节肢动物摄影：徐廷程 王斌 郭亮

01

—

条斑赤蜻
Sympetrum striolatum

蜻蜓目　Odonata
蜻科　Libellulidae

特征　雄性腹长 26~29 毫米，雌性 25~28 毫米。翅长 27~30 毫米。头顶黑色，具黄斑；复眼黄褐色。未成熟时翅胸鲜黄色，沿翅胸脊具明显的"人"形褐纹；成熟时翅胸暗褐；翅透明。足黑褐色，腿节、胫节后侧黄色。腹部未成熟时鲜黄色，成熟时赤红色。雌虫与未成熟的雄虫在体型和体色上相似。

02

—

蜉蝣
Ephemeridae sp.

蜉蝣目　Ephemeroptera
蜉蝣科　Ephemeridae

特征　体型中等。复眼黄褐色，分为明显的上下两部分结构，复眼左右分离较远，看上去像是位于头的侧面。翅 2 对，几无横脉，翅无斑纹。腹部上方有月牙形斑纹，腹末端具尾丝 3 根，其长度约等于体长。

03

—

盾螽
Decticus sp.

直翅目　Orthoptera
螽斯科　Tettigoniidae

特征　体长 35~55 毫米，体粗壮，灰褐色。头短而宽，灰色，复眼周围黑色，触角长丝状。胸部灰褐色，前胸背板为盾状，有黑色大型斑块。腹部肥大，各节黑色有黄色不规则斑纹。翅黄褐色，密布黑色斑点。后足发达，股节下缘黄褐色，胫节近上部有一浅灰色环纹。

04

—

菱蝗
Tetrigidae sp.

直翅目　Orthoptera
菱蝗科　Tetrigidae

特征　体小，长 10~20 毫米，体灰褐色。头大而短，双眼向外突出，前胸背板菱形，中央有隆脊，向后延伸，盖住整个腹部，上有黑色斑点和横纹，翅较短。步足发达，第 1、第 2 对步足上有黑色环纹，跗节白色，后一对步足发达，善跳跃。

01
—

草绿蝗
Parapleurus alliaceus

直翅目　Orthoptera
剑角蝗科　Acrididae

特征　体型中等，雄性体长 20~24 毫米，雌性体长 30~35 毫米，通常呈草绿色，触角褐色。自复眼后缘至前胸背板后缘具有明显的黑色纵条纹。前翅亚前缘脉域为草绿色，其余为褐色，亚前缘脉、径脉、中脉及肘脉黑褐色，后足股节和胫节草绿色，外侧上膝侧片黑褐色。

02
—

大青叶蝉
Cicadella viridis

半翅目　Hemiptera
叶蝉科　Cicadellidae

特征　雄虫体长 7.2~8.3 毫米，雌虫体长 9.4~10.1 毫米。头部正面浅褐色，两颊稍青，复眼绿色。前胸背板浅黄绿色，后半部深青绿色。前翅透明，绿色中带青蓝色泽，翅脉青黄色。后翅半透明，烟黑色。腹部背面蓝黑色，两侧及末节淡为橙黄，并带有烟黑色，胸、腹部腹面及足橙黄色。

03
—

片头叶蝉
Petalocephala sp.

半翅目　Hemiptera
叶蝉科　Cicadellidae

特征　整体深褐色。头冠呈半圆形，扁平，中央具 1 纤细纵脊。前翅半透明，翅脉突出。体背面密布刻点，前胸背板及前翅各脉上散生黑褐色小点，足胫节末端及跗节黑褐带有浅色环纹。

04
—

菊小长管蚜
Macrosiphoniella sanborni

半翅目　Hemiptera
蚜科　Aphididae

特征　无翅孤雌蚜体呈纺锤形，长 1.5 毫米，赭褐色至黑褐色，有光泽。触角长于体，第 3 节色浅，其余均为黑色。腹管圆筒形，基部较宽，具瓦状纹，端部渐细，有网状纹，腹管、尾片俱黑色。有翅孤雌蚜体长卵形，长 1.7 毫米，触角第 3 节次生圆形小突起感觉圈 15~20 个，腹管圆筒形，尾片圆锥形，有翅 2 对，胸、腹部斑纹较无翅型明显。

01

—

绵蚜
Eriosoma sp.

半翅目　Hemiptera
绵蚜科　Eriosomatidae

特征　体长约 2 毫米，卵圆形。黄褐色至赤褐色，腹部膨大。腹背有纵列的泌蜡孔 4 条，可分泌白色蜡质物和丝质物，在腹背形成 4 排白色蜡片。

02

—

三点苜蓿盲蝽
Adelphocoris fasciaticollis

半翅目　Hemiptera
盲蝽科　Miridae

特征　体长 6.5~7.5 毫米，宽 2.5~2.8 毫米。体长卵型，暗黄色，具黑褐色斑纹。触角红褐，第 1、第 2 节基半及第 3、第 4 节基部黄褐色。头顶黄褐色，中叶黑褐。喙伸达后足基节。胝黑，前胸背板后部有 1 黑色横带，通常在中央断开。小盾片及 2 楔片为背面颜色最浅的 3 个部位，故名。足黄褐色，腿节具黑褐色斑点，胫节端部黑褐。

03

—

丝棉木后丽盲蝽
Apolygus evonymi

半翅目　Hemiptera
盲蝽科　Miridae

特征　长 6.5~7.5 毫米。体长卵型，暗黄色，具黑褐色斑纹。触角红褐，第 1、第 2 节基半及第 3、第 4 节基部黄白色。头顶红褐色，中叶黑褐。喙伸达后足基节。胝黑，前胸背板后部有 1 黑色横带，通常在中央断开。足褐色，腿节具黑褐色斑点，胫节端部黑褐，具黑色长刺。

04

—

泛刺同蝽
Acanthosoma spinicolle

半翅目　Hemiptera
同蝽科　Acanthosomatidae

特征　体灰黄绿色。触角第 1、第 2 节暗褐色，第 3、第 4 节棕红色，第 5 节末端棕色。喙可伸至后足基节，末端黑色。前胸背板近前缘有 1 条黄褐色横带，侧角延伸成末端尖锐的短刺状。小盾片端角延伸段呈黄白色。有浅棕色前翅膜片。腹部各节背板后缘有黑色带纹，侧接缘黄褐色。

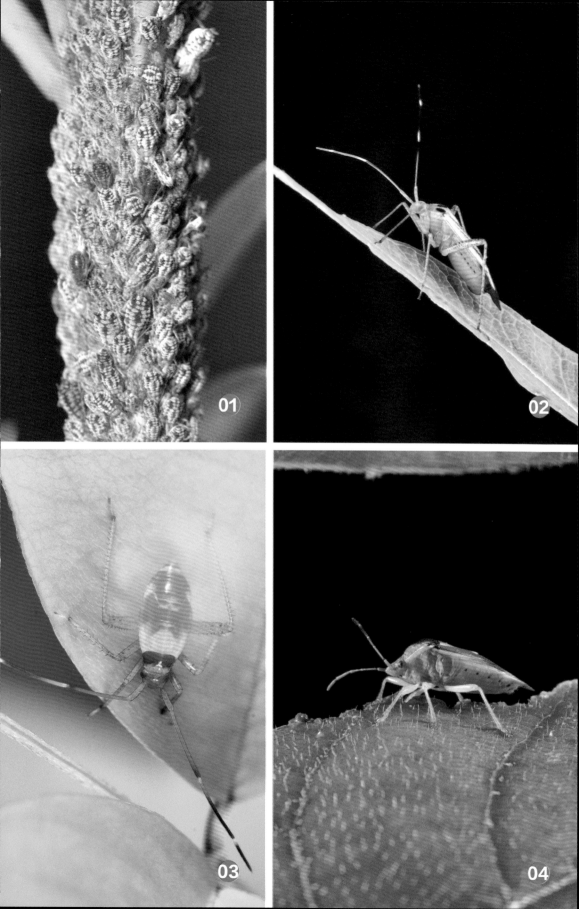

01
—

茶翅蝽
Halyomorpha picus

半翅目　Hemiptera
蝽科　Pentatomidae

特征　体长约 15 毫米，宽约 8 毫米。体扁平，茶褐色，前翅革质部分和前胸背板、小盾片均有黑色刻点；前胸背板前缘横列黄褐色小点 4 个，小盾片基部横列小黄点 5 个，腹部两侧各节间生有长方形黑斑。

02
—

宽碧蝽
Palomena viridissima

半翅目　Hemiptera
蝽科　Pentatomidae

特征　体长 12~13.5 毫米，宽 8 毫米。鲜绿至暗绿色，宽椭圆形。触角基部外侧覆有一片状突起；触角 1~3 节及第 4 节基部绿色，余部红褐色。复眼周缘淡黄褐色，中间暗褐红色，单眼暗红色。喙可伸至后足基节间。体侧缘淡黄褐色。前翅膜片淡烟褐色，透明。各足腿节外侧近端处均生一小黑点，后足更加明显，爪端半黑色。侧接缘外露，黑刻点较密。体下淡绿色，气门周围黑色。生殖节一般为鲜红色。

03
—

横纹菜蝽
Eurydema gebleri

半翅目　Hemiptera
蝽科　Pentatomidae

特征　体长 6~9 毫米，宽 3.5~5 毫米。椭圆形，红色或黄色，有黑斑，且刻点密布。蓝黑色头前端圆，两侧下凹，侧缘上卷，边缘红黄色。复眼、触角、喙均为黑色，单眼红色，复眼前方有 1 红黄色斑。前胸背板上有 6 个大黑斑，前 2 为三角形，后 4 则横长；中央有 1 隆起十字纹，黄色。蓝黑色小盾片上有 "丫" 形黄色纹，末端两侧各有 1 黑斑。

04
—

斑须蝽
Dolycoris baccarum

半翅目　Hemiptera
蝽科　Pentatomidae

特征　体长 8~13.5 毫米，宽 6 毫米左右。椭圆形，紫色或黄褐色，密被白绒毛和黑色小刻点。触角黑白相间。小盾片黄白色，近三角形，末端钝而光滑。前翅超过腹端，革片红褐色，透明膜片黄褐色。胸腹部的腹面淡褐色，有零星小黑点。足黄褐色，腿节和胫节有浓密的黑色刻点。

01

—

北姬蝽
Nabis reuteri

半翅目　Hemiptera
姬蝽科　Nabidae

特征　体长 6~7 毫米。体偏长，前端窄，前翅超过腹端。体色浅灰褐色，头腹面、背面两眼之间、前胸背板前部 1/6 处中央及小盾片中部均为黑色。触角第 1 节比头短，第 2 节几乎与前胸背板等长。头的眼后部分长度约为眼的前缘至触角基顶端距离的 1/3。腹宽 2.5 毫米，腹侧接缘腹面有红色纵纹。捕食小型昆虫。

02

—

小长蝽
Nysius ericae

半翅目　Hemiptera
长蝽科　Lygaeidae

特征　体长 3.6 毫米，宽 1.5 毫米。体略呈长方形。雌虫褐色，雄虫黑褐色。头背部中央及中叶基部常有 "X" 形黑纹，眼内缘一般颜色较浅。触角褐色，第 1、第 4 节稍深。喙伸达后足基节后缘。前胸背板污黄褐色，较短宽，侧缘稍内凹，后缘两侧略成叶状后伸。铜黑色小盾片上被平伏毛。前翅半透明，淡白色，翅面被平伏毛，翅前缘基部的毛较少，各脉均有一褐斑。膜片半透明，几无色，亦无深色斑。

03

—

稻棘缘蝽
Cletus punctiger

半翅目　Hemiptera
缘蝽科　Coreidae

特征　体长 9.5~11 毫米，宽 2.8~3.5 毫米。体狭长，黄褐色，密布刻点。头顶及前胸背板前缘有黑色小粒点，头顶中央有细纵沟。触角第 1 节较粗，比第 3 节长，第 4 节呈纺锤形。复眼褐红色，单眼红色。前胸背板通常只有一种颜色，侧角细长，微向上翘，末端黑色。成虫、若虫均喜在水稻灌浆至乳熟期群集。

04

—

显著圆龟蝽
Coptosoma notabilis

半翅目　Hemiptera
龟蝽科　Plataspidae

特征　体长 2.5~3.5 毫米。体呈光亮的黑色，有细小的刻点。头侧叶与中叶长度相等，中叶中部黄色。触角颜色不一，第 1~第 3 节黄色，第 4、第 5 节褐色。前胸背板扩展部分有黄纹 1 条。小盾片基胝有橙黄色长方形斑点 2 个，侧胝黑色；侧缘及端缘有黄边，但侧缘黄边未达小盾片基部。前翅前缘基部黄色。足褐色，腿节端及胫节色较浅。腹部腹面侧缘及亚侧缘有黄色点斑。

01

—

中华草蛉
Chrysoperla sinica

脉翅目　Neuroptera
草蛉科　Chrysopidae

特征　体长 9~10 毫米，翅展 30~31 毫米。体黄绿色。头黄白色，两颊和唇基两侧各有一道几乎相连的黑条，胸部和腹部背面两侧淡绿色，中央有一条黄色纵带。触角较前翅短，灰黄色，基部两节与头部同色。复眼金黄。翅窄长，端部较尖；翅脉黄绿色，上有黑色短毛，翅前缘横脉的下端、径分脉和径横脉的基部、内阶脉和外阶脉均为黑色。足黄绿色，跗节黄褐色。

02

—

蝎蛉
Panorpa sp.

长翅目　Mecoptera
蝎蛉科　Panorpidae

特征　体长 12 毫米左右，细长。头部向腹面延伸成宽喙状。头和触角大部分黑色，触角长丝状，口器咀嚼式。前胸短，胸部背板黑色，并带有黄褐色斑。翅狭长，前、后翅的大小、形状和脉都相似，具明显的黑色斑。腹部黄褐色至红褐色，端部三节色深；雄虫腹部生殖器球状并向上弯举，似蝎子尾巴。

03

—

叶蜂
Tenthredinidae sp.

膜翅目　Hymenoptera
叶蜂科　Tenthredinidae

特征　体中小型，身体狭长，体背黄绿色。头部横宽，中央黑色，胸背板有 2 条黄色斜纹。翅膀透明带褐色，具强烈的光泽，翅脉黑色。各脚黄绿色，上缘具黑色细纹。

04

—

桦三节叶蜂
Arge pullata

膜翅目　Hymenoptera
叶蜂科　Tenthredinidae

特征　雌虫体长 10~12 毫米，雄虫体长 8~9 毫米。体和足均为黑蓝色，触角和翅黑色，但翅色较淡且有蓝色反光。头部和胸部有黑色短细毛。雄虫眼后头稍扩大，雌虫则高度扩大。脸部较光亮，刻点稀疏，无中脊。腹部发亮。锯鞘粗，尖端不紧接。

01

蔷薇三节叶蜂
Arge geei

膜翅目　Hymenoptera
叶蜂科　Tenthredinidae

特征　雌虫体长 8.4 毫米，翅展 17.3 毫米。体较大，橘黄色；头黑色有光泽，横长方形，后缘中部微凹，密被黑褐色短毛；复眼黑褐色；单眼红褐色；触角黑褐色至黑色；胸背橘黄至橘红色；翅浅黄色，半透明；足黑色，有光泽。雄成虫体长 6.9 毫米，翅展 13.2 毫米。头、胸部黑色，略带蓝色金属光泽；除第一背板淡暗褐色外，余腹部淡黄褐色；足黑色，略有蓝色金属光泽；前翅烟色，后翅透明，翅脉暗褐色。

02

鲜卑广蜂
Megalodontes spiraeae

膜翅目　Hymenoptera
广蜂科　Megalodontesidae

特征　体长 10~13 毫米，体黑色，具暗蓝色金属光泽。头部后眶、前胸背板、腹部基部和中部背板具黄色横带斑。翅烟黑色，具紫色虹彩，翅痣和翅脉均黑色。头部很扁平，触角约 15 节，第 3 节长柄状，第 3~ 第 10 节具扁长片状背突。翅宽大，翅脉多弯曲，腹部扁平，两侧圆钝，无纵脊。

03

日本褶翅蜂
Gasteruption japonicum

膜翅目　Hymenoptera
褶翅蜂科　Gasteruptiidae

特征　体长 15~20 毫米，体黑色。前、中足腿节两侧、胫节端部、基跗节大部及后足腿节最基部黄色，后足胫节腹面在基部黄白色。腹部第 1、第 2 节后方红黄色，鞘端部白色。翅稍带褐色，翅痣和翅脉黑色。产卵管长，黑色，端部黄白色。

04

棘钝姬蜂
Amblyteles armatorius

膜翅目　Hymenoptera
姬蜂科　Ichneumonidae

特征　成虫体长 18 毫米。体大部分为黑色，颜面、唇基、上唇、上颚、须及小盾片黄色。线状触角黑色，但柄节腹面黄色。复眼近肾形。小盾片倒梯形，前缘呈弧形。并胸腹节有明显的分区，中区有六边形网纹，中有 1 条短纵脊；各纵脊、横脊、分脊均明显。腹部黑色居多，小部分黄色，后缘中部形成黑色三角形。翅透明，略带茶褐色。前、中足仅腿节后侧为黑色，其余均为黄色。

01
—

瘦姬蜂
Ophion sp.

膜翅目　Hymenoptera
姬蜂科　Ichneumonidae

特征　体长 15~20 毫米。体黄褐色，修长而光滑，稀被细刻点。复眼、单眼及上颚齿黑褐色；复眼内缘近触角窝处有凹陷；单眼隆起，较大；颊较短。中胸盾纵沟部位顶外侧有黄色细纵条，中胸背板有隆脊自翅基片伸向小盾片；并胸腹节基有明显的横脊，端横脊中段消失，基区部位略凹陷。翅痣黄褐色，翅脉深褐色至黄褐色。

02
—

北方黄胡蜂
Vespula rufa

膜翅目　Hymenoptera
胡蜂科　Vespidae

特征　体长约 14 毫米。头部与胸部几乎等宽。两触角窝之间稍微隆起，其上部有 1 黄色横斑。触角黑色，仅柄节前缘有 1 黄色极窄纵斑。前胸背板黑色，沿中胸背板两侧各有 1 黄色窄斑，前缘微呈弧形；中胸背板黑色，中央有纵隆线。横带状小盾片黑色，近前缘两侧各有 1 黄斑。足股节、胫节黄色。腹板光滑，基部黑色，沿端部边缘有黄色横斑。

03
—

日本弓背蚁
Camponotus japonicus

膜翅目　Hymenoptera
蚁科　Formicidae

特征　头较大，类似三角形，上颚粗壮；前、中胸背板较平，并胸腹节急剧侧扁。通体黑色，带有一定光泽，头、并腹胸及结节有细密的网状刻纹，后腹部有更细密的刻点。可分为两个类型，其中大工蚁体长 12.3~13.8 毫米，头较大，上颚 5 齿，偶见个体颊前部、唇基、上颚和足红褐色；中小工蚁体长 7.4~10.9 毫米，头较小。

04
—

红褐林蚁
Formica rufa

膜翅目　Hymenoptera
蚁科　Formicidae

特征　工蚁体长约 13 毫米。头圆三角形，头、胸、足及触角淡栗褐色，腹部暗褐红色。体表被丝状闪光绒毛。复眼 1 对，大而凸出，椭圆形，单眼 3 个，品字排列。触角屈膝状，较长，12 节。前胸背板甚发达，中胸背板较小。胸部和腹部相接处缩小成细柄状，腹柄有向上的鳞片 1 枚。腹部粗大，5 节。

01
—

节腹泥蜂
Cerceris sp.

膜翅目　Hymenoptera
泥蜂科　Sphecidae

特征　雌蜂体长 14~18 毫米。体黑色，带黄斑。唇基宽，端缘呈小齿状，基部有 1 片状突起，中央深凹。翅透明，端缘颜色较暗。腹部各节侧面收缩，第一节明显比第二节窄。雄蜂体长短于雌蜂，腹部第 2~ 第 6 节背侧端部黄色。

02
—

红光熊蜂
Bombus ignitus

膜翅目　Hymenoptera
熊蜂科　Bombidae

特征　蜂王体长 20~22 毫米，雄蜂体长 15 毫米，工蜂体长 14~16 毫米。体毛短且致密。头顶、颜面、胸部、腹部第 1~ 第 3 节背板和足被黑色毛，腹部第 4~ 第 6 节背板被橘红色毛。唇基横宽，表面具致密且很明显的刻点；颚眼距宽于长。后足有花粉篮。

03
—

汉森条蜂
Anthophora hansenii

膜翅目　Hymenoptera
蜜蜂科　Apinae

特征　体表大部分黑色，足黑褐色，各足的跗节均为黄褐色，翅基片黑褐色。体被灰白色毛，唇基、上唇、颊及颅顶均被白色长毛，仅复眼顶端内侧杂有黑毛。胸部密被白长毛，中央杂有少量黑毛；足毛均白色。腹部各节背板被白色稀长毛，其中第 1 节和第 5、第 6 节毛密，第 2~ 第 6 节背板端缘具白毛带。

04
—

暗黑鳃金龟
Holotrichia parallela

鞘翅目　Coleoptera
金龟科　Scarabaeidae

特征　体椭圆形，体长 17~22 毫米，宽 9~11.3 毫米。成虫羽化之初是红棕色，后逐渐变为红褐色或黑色，被粉状浅蓝灰色闪光薄层，腹部闪光较明显。唇基前缘中央略内弯和上卷，有粗大的刻点。触角红褐色，共 10 节。前胸背板前缘有浓密的黄褐色毛，侧缘中央呈锐角状外突，刻点大而深。鞘翅上有 4 条可辨识的隆起带，带间散生粗大刻点，有明显的肩瘤。

01

鞘翅目　Coleoptera
金龟科　Scarabaeidae

短毛斑金龟
Lasiotrichius succinctus

特征　体长约 10 毫米。体被竖立或斜状的灰黄色、黑色或栗色长茸毛。前胸略收狭，前缘圆，中凹较浅，侧缘弧形。鞘翅较短宽，黄褐色，其上有稀疏的大刻纹，每翅有 4 对细条纹；一般每翅有 3 条横向黑色或栗色宽带。

02

鞘翅目　Coleoptera
金龟科　Scarabaeidae

白星花金龟
Protaetia brevitarsis

特征　体长 17~24 毫米。椭圆形，背面较平，体较光亮，常见呈古铜色或青铜色，体表面散布大量不规则的白绒斑，以横波纹状白绒斑较常见，常集中在鞘翅的中后部。鞘翅宽大，类似长方形，肩部最宽，侧缘前方向内弯，后缘圆弧形，缝角不突出。背面具粗大刻纹，肩凸内外较密集。

03

鞘翅目　Coleoptera
拟步甲科　Tenbrionidae

黑胸伪叶甲
Lagria nigricollis

特征　体长 6.5~9 毫米，背面隆凸。体表亮黑色，光泽较强，密被竖立的黄色长茸毛，头及前胸背板的茸毛更长而竖立；鞘翅褐黄色。头宽稍大于头长，大致与前胸背板等宽；复眼细长，前缘凹陷；触角几乎可达鞘翅中部。前胸背板宽度远大于长度，有稀疏的大刻点，末端甚收狭，基部两侧收缩，基缘宽，抬起。鞘翅密布粗大刻点，向后方刻点较浅；鞘翅长约为宽的 1.65 倍，向后方膨大，缘折完整，末端短圆形。

04

鞘翅目　Coleoptera
芫菁科　Meloidae

斑芫菁
Mylabris sp.

特征　体长 10~15 毫米，宽 3.5~5.0 毫米。体和足呈黑色，被黑色和淡色毛。鞘翅为棕黄色，密布刻点，有黑斑。头近似方形，后角圆，表面刻点密布，额中央有 1 纵光斑。

01
———

桃红短须红萤
Lipernes perspectus

鞘翅目　Coleoptera
红萤科　Lycidae

特征　体长 7~9 毫米，宽 2.2~2.5 毫米，体型较狭长。暗褐色或黑色，略带光泽，鞘翅桃红色。头部短缩，复眼较大且突出。触角呈锯齿状。前胸背板比鞘翅基部稍窄，两侧向上弯翘，中央有 1 条纵沟，后角尖。小盾片末端截状。鞘翅狭长，两侧几乎平行，后部微扩展，每翅表面有 4 条纵肋。腹部 7 节。足较短壮，跗节短粗，除端节外每节两侧扩展，爪小略弯曲。

02
———

叶甲
Chrysomela sp.

鞘翅目　Coleoptera
叶甲科　Chrysomelidae

特征　体长约 11 毫米，椭圆形，背面隆起。体呈黑色或蓝黑色，密布绒毛。鞘翅黄褐色，有光泽，密布刻点和绒毛。头部小刻点较密。触角丝状，稍扁，不到体长的一半。前胸背板蓝紫色，左右侧缘黄褐色，密布刻点，前缘弧形凹入，两侧弧形。小盾片呈舌状，较光滑。

03
———

蒿金叶甲
Chrysolina aurichalcea

鞘翅目　Coleoptera
叶甲科　Chrysomelidae

特征　体长 6.2 毫米。体呈青铜色、蓝色或紫蓝色；腹面为蓝色或蓝紫色。触角纤细，大概为体长的 1/2，第 1、第 2 节端部和腹面棕黄色。前胸背板密布粗细刻点，侧缘纵隆，隆内凹，在基部较深。鞘翅刻点比胸部刻点更为粗、深，微呈纵行趋势。

04
———

中华萝藦肖叶甲
Chrysochus chinensis

鞘翅目　Coleoptera
肖叶甲科　Eumolpidae

特征　体呈长卵形，粗壮，蓝黑色，具光泽。头部刻点疏密、深浅不一，被毛较密。前胸背板长大于宽，盘区如球面形，中部高隆，两侧低下，前角突出。小盾片三角形或心形，蓝黑色，有时中部有一红斑，表面光滑或有微细刻点。鞘翅基部比前胸稍宽，肩部和基部都隆起，二者之间有一条纵向凹沟，基部之后有一条深浅不同的横凹。

01

甘薯肖叶甲
Colasposoma sp.

鞘翅目　Coleoptera
肖叶甲科　Eumolpidae

特征　体短宽，长5~6毫米，宽3~4毫米。体色多变，有绿、蓝、蓝紫、蓝黑、青铜、紫铜等颜色。触角黑色，丝状，稍长于体长的1/2。头部密布刻点。前胸背板宽短，长为宽的1/2，前角尖锐，侧缘圆弧形，盘区隆起，有较密的刻点和浅色短毛。小盾片近方形。鞘翅隆凸，肩胛高隆、光亮，翅面刻点较粗密无规则。

02

北亚伪花天牛
Anastrangalia sequensi

鞘翅目　Coleoptera
天牛科　Cerambycidae

特征　体长10.5~11.5毫米，宽4毫米，体略狭长。头较小，额横宽，散布较密细刻点，顶部宽凹，前端横陷，唇基微隆凸，有稀疏的刻点；复眼内缘凹陷。体黑色，鞘翅棕黄色，边缘黑色。全体被有灰白色和灰黄色细绒毛，复眼后方、前胸背板及胸部腹板最浓密，鞘翅绒毛较细短匀整。

03

黑角伞花天牛
Corymbia succedanea

鞘翅目　Coleoptera
天牛科　Cerambycidae

特征　体长18~20毫米，宽5~6毫米。体黑色，前胸背板、鞘翅红色，有时足腿节内侧、胫节红褐色。头短小，额略扁，中沟明显，可延至头顶后缘；复眼内缘中部凹陷，着生触角基瘤；头部有灰黄细毛；触角近似锯齿状。前胸背板宽大于长，表面的细刻点和灰白短柔毛较密。小盾片三角形，较宽，密被灰黄毛。

04

曲纹花天牛
Leptura arcuata

鞘翅目　Coleoptera
天牛科　Cerambycidae

特征　体长15~7毫米，宽4~5毫米。体黑色，下颚须、下唇须、触角黄褐色，鞘翅黑色而具金黄色花斑。头、胸、鞘翅黄斑及腹面均有较密的黄色细毛，后胸及腹节腹板毛更厚密。头部与前胸中部等宽，额横宽；头顶平坦，有较密的粗刻点，复眼肾形。前胸背板前后端均有横向深凹陷，中部两侧膨大，至下横陷处弯向后侧角，后缘波形。鞘翅长约为头胸长2倍，两侧向后渐窄，端缘稍斜截，缘角短突。

01
—

十三斑绿虎天牛
Chlorophorus tredcimmaculatus

鞘翅目　Coleoptera
天牛科　Cerambycidae

特征　体长 11.5~15 毫米，体宽 3~4 毫米。体长形，密被浅草绿色细绒毛，具黑色斑纹。头淡黄褐色，唇基和上唇很小，淡白色。侧单眼 1 对，很小，稍凸。触角第 1 节稍宽，胜于长。前胸背板淡黄色，前端横斑色淡。腹部步泡突光滑平坦，无瘤突，表面有浅细线痕围成的近宽卵形区，中沟两侧各 1 个，稍隆起，横沟极不明显。

02
—

异色瓢虫
Harmonia axyridis

鞘翅目　Coleoptera
瓢虫科　Coccinellidae

特征　雌虫体长 5.4~8 毫米，宽 3.8~5.2 毫米。体卵圆形，突肩形拱起，但外缘向外平展的部分较窄。体色和斑纹变异很大。头部橙黄色、橙红色或黑色。前胸背板浅色；小盾片橙黄色或黑色。鞘翅上各有 9 个黑斑，向浅色型变异的个体鞘翅上的黑斑部分消失或全消失，以致鞘翅全部为橙黄色；向深色型变异时，斑点相互连成网形斑，或鞘翅基色黑而有 1、2、4、6 个浅色斑纹甚至全黑色。腹面色泽亦有变异，浅色型的中部黑色，外绿黄色；深色型的中部黑色，其余部分棕黄色。鞘翅末端 7/8 处有 1 个明显的横脊痕是该种的重要特征。

03
—

晰纹淞叩甲
Ampedus carbunculus

鞘翅目　Coleoptera
叩甲科　Elateridae

特征　体长 8~9 毫米，被黄色细毛。体棕黑色。唇基不分裂。触角着生于复眼前缘，细短，向后不达前胸后缘；自第 4 节起呈锯齿状，末节圆锥形。前胸背板长稍大于宽，基部与鞘翅等宽，侧边很窄，中部之前明显向下弯曲；表面拱凸，刻点深密。小盾片略仿心脏形，覆毛极密。鞘翅狭长，至端部稍缢尖；每翅具 9 行纵行深刻点沟。

04
—

西伯利亚吉丁
Buprestis sibirica

鞘翅目　Coleoptera
吉丁虫科　Buprestidae

特征　体长 13~16 毫米，黑褐色，有铜色金属光泽。前胸背板上密布刻点和凹陷，翅鞘上有 10 多条刻点组成的纵沟，两侧有金红色带纹。腹部后缘两侧具有金红色斑纹。

01
—

榛卷象
Apoderus coryli

鞘翅目　Coleoptera
卷象科　Attelabidae

特征　体长 6.8~8.7 毫米，宽 4~5 毫米。体黑色，头短，圆形，基部缩细，无颈区，宽略大于长或长宽相等。眼小，突隆；喙短，上颚钳状；触角着生于喙近基部的瘤突两侧，触角柄节较长，呈纺锤形。前胸横宽，基部最宽，小盾片扁而宽，端部缩窄，有 1 个大黑斑。鞘翅红褐色，两侧略平行，端部略放宽。胸部腹面黑色，腿节黑色，胫节与跗节红褐色。

02
—

绿鳞象甲
Hypomeces squamosus

鞘翅目　Coleoptera
象甲科　Curculionidae

特征　体长 15~18 毫米。体黑色，密被闪光鳞毛，有墨绿、淡绿、淡棕、古铜、灰等色，有时杂有橙色粉末。头、喙背面扁平，中间有一深而宽的中沟；复眼突出。前胸背板前缘最窄，后缘最宽，中央有纵沟。小盾片三角形。雌虫腹部较大，雄虫较小。

03
—

稻水象甲
Lissorbqptrus oryzophilus

鞘翅目　Coleoptera
象甲科　Curculionidae

特征　体长 2.6~3.8 毫米。体褐色，密布前后相接的灰色鳞片，但前胸背板和鞘翅的中区无鳞片，形成一广口瓶状的暗褐色斑。喙和前胸背板长度几乎相等，两侧边较直，仅前端稍收缩。鞘翅有明显的斜肩。翅端平截或略凹陷，行纹细但不明显，每行间至少被 3 行鳞片。腿节棒形不具齿，胫节细长弯曲，中足胫节两侧各有一排长游泳毛。雄虫锐突短而粗，深裂呈两叉形，无前锐突。雌虫锐突长而尖，无分叉，有前锐突。

04
—

中华石蛾
Phryganea sinensis

毛翅目　Trichoptera
石蛾科　Phryganeidae

特征　头黑褐色。触角丝状，黑色；下颚须、下唇须褐色。胸部背面黑褐色，具不明显浅色条纹。腿节、胫节和跗节黄褐色。翅深褐色，密布褐色细柔毛，无斑纹。

01

鳞翅目　Lepidoptera
长角蛾科　Adelidae

大黄长角蛾
Nemophora amurensis

特征　翅展约 24 毫米。雄蛾触角是翅长的 4 倍，雌蛾触角短，只比前翅稍长。黄色前翅基半部有很多青灰色纵条，向外为一条黄色宽横带，横带两侧各有一条有光泽的青灰色横带，端部约 1/3 处有呈放射状向外排列的青灰色纵条。

02

鳞翅目　Lepidoptera
巢蛾科　Yponomeutidae

稠李巢蛾
Yponomeuta evonymallus

特征　体长 8~12 毫米，翅展 24 毫米。全体白色。前翅狭长，有 5 纵行 40 多个小黑点；近外缘处有横向排列的细黑点 10 个。前翅反面灰黑色，缘毛和前缘白色；后翅灰黑色，缘毛淡灰白色。

03

鳞翅目　Lepidoptera
卷蛾科　Tortricidae

苹小卷蛾
Adoxophyes orana

特征　体长 6~8 毫米，翅展 15~20 毫米。触角丝状，下唇须前伸明显。前翅稍呈长方形，黄褐色，翅面上一般有数条暗褐色细横纹。中带前半部较窄，中央较细，有的个体中断，中带后半部明显宽于前半部或分 2 叉，内支止于后缘外 1/3 处，外支止于臀角附近；常见 "Y" 状端纹向外缘中部斜伸。后翅淡黄褐色微灰。腹部淡黄褐色，背面色暗。

04

鳞翅目　Lepidoptera
卷蛾科　Tortricidae

梨小食心虫
Grapholita molesta

特征　体长 5~7 毫米，翅展 11~14 毫米。下唇须灰褐色，上翘。触角丝状。前翅灰黑色，翅面散布灰白色鳞片，前缘有白色短斜纹 10 组，中央近外缘 1/3 处有一白点较明显，后缘有条纹若干，近外缘约有小黑斑 10 个。后翅浅茶褐色，合拢时外缘成钝角。腹部灰褐色。足灰褐色，各足跗节末端灰白色。

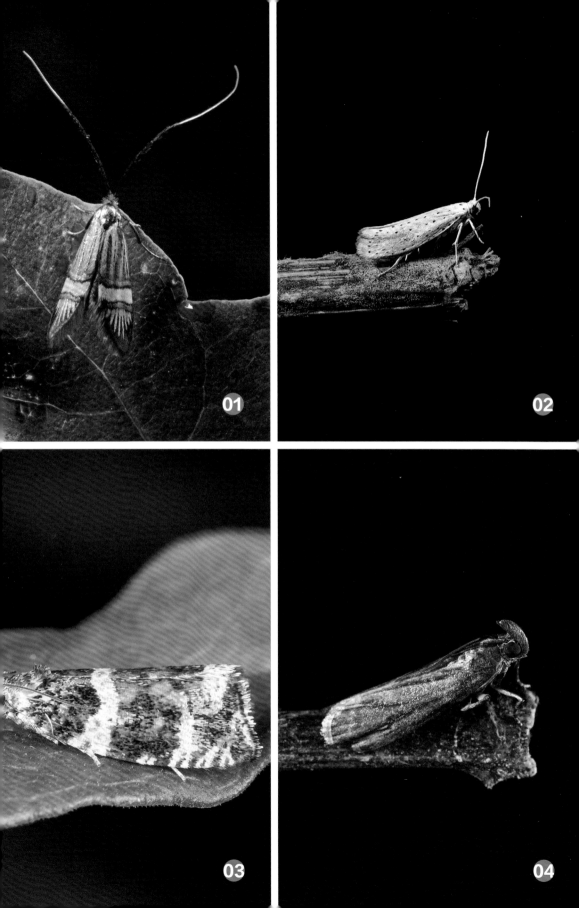

01
—

高粱条螟
Proceras venosatum

鳞翅目 Lepidoptera
螟蛾科 Pyralidae

特征 雌蛾体长 10~14 毫米，翅展 24~34 毫米，雄蛾稍小。头、胸部背面淡黄色，复眼暗黑色。下唇须较长且向前伸。前翅顶角尖锐，其下部向内微凹，外缘近似直线；翅面灰黄色，有暗色纵纹 20 余条，中央有小黑点 1 个，外缘有小黑点 7 个，与雌蛾相比，雄蛾的小黑点较明显。后翅颜色较浅，雌蛾银白色，雄蛾淡黄色。腹部及足黄白色。

02
—

豆蚀叶野螟
Lamprosema indicata

鳞翅目 Lepidoptera
螟蛾科 Pyralidae

特征 体长约 10 毫米，翅展 18~23 毫米。体和翅均黄褐色，前翅具黑色波浪状的内横线、中横线和外缘线，内横线外侧有 1 个黑点；后翅同样具 2 条黑色横线，展翅时与前翅内、外横线相连，外缘黑色。

03
—

绿尾大蚕蛾
Actias ningpoana

鳞翅目 Lepidoptera
天蚕蛾科 Saturniidae

特征 体长 35~45 毫米，翅长 59~63 毫米。头灰褐色，头部两侧及肩板基部前缘有暗紫色横切带；触角土黄色，雄、雌都是长双栉形。体密披白色长毛，也有个体略带淡黄色。翅粉绿色，基部有较长的白茸毛。前翅前缘暗紫色，翅脉淡褐色，外缘黄褐色，近外缘处具 2 条与外缘平行的淡褐色细线，中室端有一个眼形斑。后翅延伸成长达 40 毫米的尾形，尾带末端多为卷折状；中室端有与前翅相同但稍小的眼形纹。胸足的胫节和跗节均为浅绿色，有长毛。

04
—

尖尾网蛾
Thyris fenestrella

鳞翅目 Lepidoptera
网蛾科 Thyrididae

特征 体长 4~7 毫米。头黑色，有金黄色毛，喙黑色。雄性触角单栉形，雌触角丝形，体棕褐色，胸部背面有成纵线的黄色鳞毛，腹部有白色毛环。雄性尾端有较长的毛丛，各足跗节有白色环。翅深棕色，间有橙黄色斑，前翅和后翅外缘齿状突出，缘毛大部分白色，杂有黑色，前翅有 2 个透明斑点。

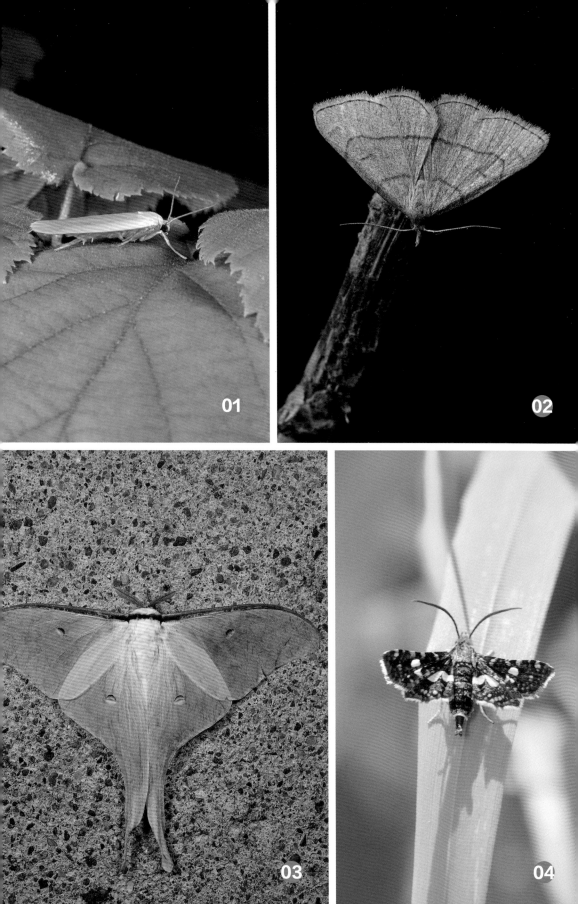

01

——

杨枯叶蛾
Gastropacha populifolia

鳞翅目　Lepidoptera
枯叶蛾科　Lasiocampidae

特征　雌虫翅展 57~77 毫米，雄虫翅展 40~60 毫米。体和翅均黄褐色，前翅散布有少量黑色鳞毛。前翅顶角很长，外缘为弧形波状纹，后缘非常短，从翅基出发有不连续的 5 条黑色波状纹，中室为黑褐色斑纹。后翅的 3 条黑色斑纹很明显，前缘橙黄色，后缘浅黄色。以上基色和斑纹一般变化较多，或明显或模糊，静止时从侧面看像一片枯叶，故名为枯叶蛾。

02

——

黄脉天蛾
Amorpha amureusis

鳞翅目　Lepidoptera
天蛾科　Sphingidae

特征　体型较大，翅长 40~45 毫米。体、翅灰褐色，翅上斑纹不明显，内线、中线、外线棕黑色波状，外缘自顶角到中部有黑褐色斑，翅脉披黄褐色鳞毛，较为明显。后翅颜色与前翅相同，横脉黄褐色明显。

03

——

沙枣白眉天蛾
Celerio hippophaes

鳞翅目　Lepidoptera
天蛾科　Sphingidae

特征　体长 31~39 毫米，翅展 70~75 毫米。前胸背部密披灰褐色鳞毛，并经触角之间向前延伸至头顶两端，两侧镶以白色鳞片带。腹部较胸部色淡，腹部 1~2 节侧面有黑白色斑。前翅前缘茶褐色，翅后缘及外缘白色；后翅基部黑色，臀角处有 1 个大白斑；前后翅反面灰黄色，前翅端黑条斑可见。

04

——

蓝目天蛾
Smerinthus planus

鳞翅目　Lepidoptera
天蛾科　Sphingidae

特征　体长 30~35 毫米，翅展 80~90 毫米。体和翅灰黄至淡褐色；触角淡黄色；复眼暗绿色，较大。前翅顶角及臀角至中央有浓淡相交的暗色三角形云状纹，外缘翅脉间呈内陷的浅锯齿状，缘毛非常短。后翅淡黄褐色，中央紫红色，有一个深蓝色的大圆眼状斑，斑外为一黑圈，最外围为蓝黑色，眼斑上方为粉红色。后翅反面也有眼状斑，但不明显。

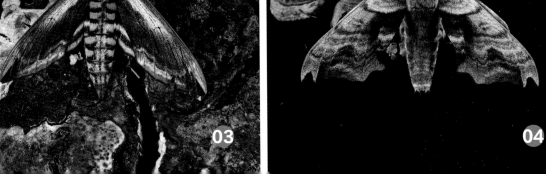

01
—

红天蛾
Deilephila elpenor

鳞翅目　Lepidoptera
天蛾科　Sphingidae

特征　体长 33~40 毫米，翅展 55~70 毫米。体和翅大部分为红色，并带有红绿色闪光，头部两侧及背部有两条红色纵带。腹部背线和外侧均为红色，背线两侧黄绿色；腹部第 1 节两侧有黑斑。前翅基部黑色，前缘及外横线、亚外缘线、外缘及缘毛均暗红色，外横线近顶角部分比较细，而向后缘逐渐变粗；中室有一白色小点。后翅红色，靠近基半部黑色。翅反面颜色较为鲜艳，前缘黄色。

02
—

迹斑绿刺蛾
Latoia pastoralis

鳞翅目　Lepidoptera
刺蛾科　Limacodidae

特征　体长 15~19 毫米，翅展 28~42 毫米。头、胸背翠绿色，复眼黑色，胸背前端有一撮棕褐色毛。前翅翠绿色，翅基和翅外缘浅褐色，外有深褐色晕；后翅浅褐色。

03
—

彩青尺蛾
Chloromachia gavissima

鳞翅目　Lepidoptera
尺蛾科　Geometridae

特征　前翅长 14~17 毫米。触角双栉形，末端线形。胸腹部背面绿色与白色相间。前翅绿色，有白色亚基线、内线、中点、外线，其中内外线锯齿状；外线上端前缘处有 1 个大褐斑，外线下半部外侧有红色伴线；翅端部有 2 列白点。后翅基半部白色，基部有橘黄纹，中部 2 条褐线，其外侧为 1 条黄色带。前后翅缘毛淡绿色，在翅脉端白色。翅反面白色，前翅前缘略带绿色。

04
—

红颜锈腰尺蛾
Hemithea aestivaria

鳞翅目　Lepidoptera
尺蛾科　Geometridae

特征　前翅长 10~11 毫米。触角线形，雄触角具短纤毛。额和下唇须深褐色。雄后足胫节长；跗节缩短。雌后足正常。腹部背面黄褐色，第 3~ 第 5 节背面有红褐色鳞和立毛簇。胸部背面和翅暗绿色；前翅内线和前后翅外线白色细弱，波状；缘线黑褐色，缘毛灰褐色。后翅外缘中部外凸成尖角。翅反面淡黄绿色，内外线消失，缘线同正面。

01
—
雪尾尺蛾
Ourapteryx nivea

鳞翅目 Lepidoptera
尺蛾科 Geometridae

特征 头顶、体背和翅白色；额和下唇须灰黄褐色。前翅顶角凸，外缘直；后翅尾角弱小。翅面有细弱的灰色碎纹；前翅具灰黄色内、外线，后翅中部有浅灰黄色细斜线；前翅中点非常纤细，缘毛黄白色；后翅尾角附近具 2 个赭色斑，缘毛浅黄至黄色。

02
—
黄星尺蛾
Arichanna melanaria

鳞翅目 Lepidoptera
尺蛾科 Geometridae

特征 翅展 34~44 毫米。翅正反面相似。前翅黄至灰黄色，排列大小不一的黑斑；内线和外线为双列黑斑；亚基线为 2 个小黑斑；中点圆而大，其外侧有时有黑斑组成的中线；亚缘线和缘线分别为 1 列黑斑；缘毛黄色与灰黑相间。后翅基部附近灰褐色，在中点内侧逐渐过渡为黄色；中点圆且大；外线、亚缘线和缘线分别为 1 列黑斑；缘毛黄色，掺杂少许灰黑色。

03
—
垂耳尺蛾
Pachyodes sp.

鳞翅目 Lepidoptera
尺蛾科 Geometridae

特征 翅展 40~60 毫米。触角双栉形，末端线形。翅面灰褐色，密布针状细纹和刮纹，前翅近臀角处尤密集，形成黑褐色斑纹。后翅外缘波状，黑色斑纹密集，内线明显，亚外缘处有一较粗的黑色横纹。

04
—
豹纹尺蛾
Obeidia sp.

鳞翅目 Lepidoptera
尺蛾科 Geometridae

特征 翅展 40~50 毫米。翅膀正面黄白色，具有密集黑褐色斑纹。翅边缘具有黑褐色和白色相间排列的绒毛，反面端半部黑褐色，内侧黄白至白色，有黑褐色斑纹。胸腹部黄白色，密布黑褐色点斑。

01
—

花园潢尺蛾
Xanthorhoe hortensiaria

鳞翅目　Lepidoptera
尺蛾科　Geometridae

特征　雌虫触角线形，雄虫双栉形。额和头顶灰褐与褐色掺杂，具发达的额毛簇，下唇须较长，约一半伸出额外。胸腹部背面灰褐色。前翅浅灰褐色，排列多条横线，其中外线中部凸出，内线较直，二者之间褐色前缘近顶角处有 1 黑斑；缘毛灰褐色，端半部色较浅。后翅灰褐色，端部色深，中域色浅并有 2~3 条深浅相邻的弧形线；缘线和缘毛与前翅相同。翅反面颜色稍浅，翅端部颜色深；外线几乎与正面相同。

02
—

黑腰尺蛾
Cleora fraterna

鳞翅目　Lepidoptera
尺蛾科　Geometridae

特征　翅面灰白色或灰褐色，前后翅各有 2 条横向黑带。体背灰白色，各节间具褐色横纹，腹部第二节黑色。

03
—

枞灰尺蛾
Deileptenia ribeata

鳞翅目　Lepidoptera
尺蛾科　Geometridae

特征　体型较小，翅展 33~44 毫米。体色灰白黄色。前、后翅的内、中、外线黑褐色，锯齿状，前缘处扩大呈暗斑，内线与外线之间色淡，具微细污点，中室端部无端斑。

04
—

网褶尺蛾
Eustroma reticulata

鳞翅目　Lepidoptera
尺蛾科　Geometridae

特征　前翅长 13 毫米，额和头顶中央深褐色，边缘黄白色，下唇须深褐色。腹面的长毛掺杂白色，第 3 节尖端黄白色，胸部背面深褐色与黄白色掺杂，肩片基部灰红褐色，端部黄白色。腹部背面灰褐色，第 1、第 2 腹节背中线两侧有黑斑。前翅灰红褐色，斑纹白色。

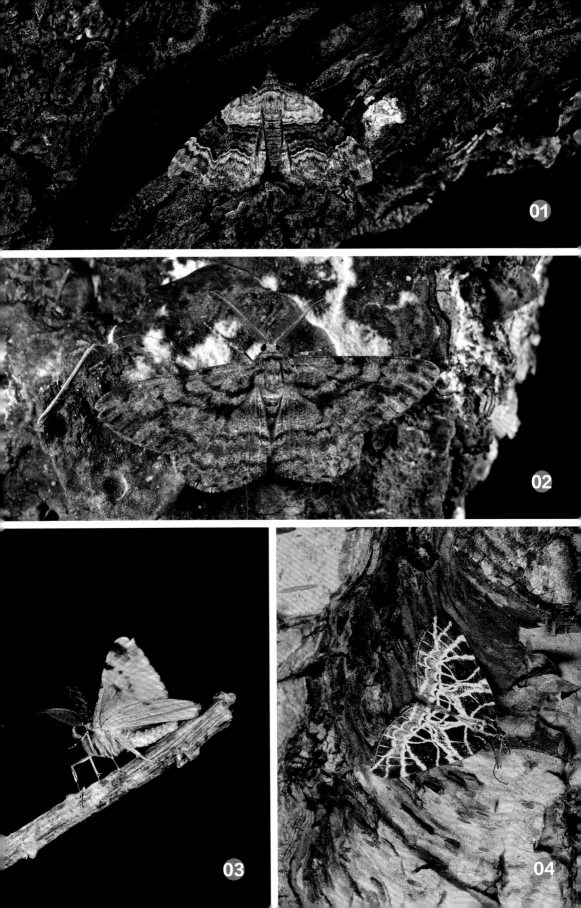

01

—

黑带二尾舟蛾
Cerura felina

鳞翅目　Lepidoptera
舟蛾科　Notodontidae

特征　体长雄 22~26 毫米，雌 22~29 毫米；翅展雄 54~63 毫米，雌 59~76 毫米。头和翅基片灰黄白色，胸部背面和颈板烟灰带灰黄白色。触角灰白色，分支黑褐色。腹部背面黑色，有节，每节中央有 1 个三角形大灰白斑，斑内有 2 条黑线；末端两节灰白色上仅有 1 条黑纹。前翅灰白色，翅脉暗褐色；后翅灰白稍带紫色，翅脉黑褐色，基部和后缘杂灰黄色，有黑色横脉纹，端线由 1 列脉间黑点组成。幼虫青绿色，背部具褐色斑纹。前胸两侧具角状突起，后胸具楔形背突。腹部末端具一对枝状尾突。

02

—

窄翅绿夜蛾
Checupa curvivena

鳞翅目　Lepidoptera
夜蛾科　Noctuidae

特征　中小型，翅展宽 49~58 毫米。体表绿色具杂乱的斑纹，前胸背板中央及两侧各有一条纵向的翠绿色纵纹。前翅近前缘有 3 条斜向的翠绿色斜斑，停栖时此 3 枚斜斑较醒目，近外缘及两翅接合处具波浪状斜向的分布，色调较亮。

03

—

稻金翅夜蛾
Chrysaspidia festucae

鳞翅目　Lepidoptera
夜蛾科　Noctuidae

特征　体长 13~19 毫米，翅展 32~37 毫米。头部红褐色，胸背棕红色，腹部浅黄褐色。前翅黄褐色，内横线、外横线暗褐色，基部后缘区、端区有浅金色斑，翅面中间有 2 个大银斑，缘毛紫灰色。后翅浅黄褐色，缘毛灰黄色。

04

—

兰纹夜蛾
Stenoloba jankowskii

鳞翅目　Lepidoptera
夜蛾科　Noctuidae

特征　翅展 30~36 毫米。头胸棕黑掺杂白色。前翅黑棕色，中室前方带霉绿色，一白纹沿中室后缘外伸并折向顶角，中室下角外一黑小斑，外线、亚端线白色，外线外侧翅脉白色，近顶角有一黑点，近外缘一白线。后翅暗褐色，腹部黑棕色。

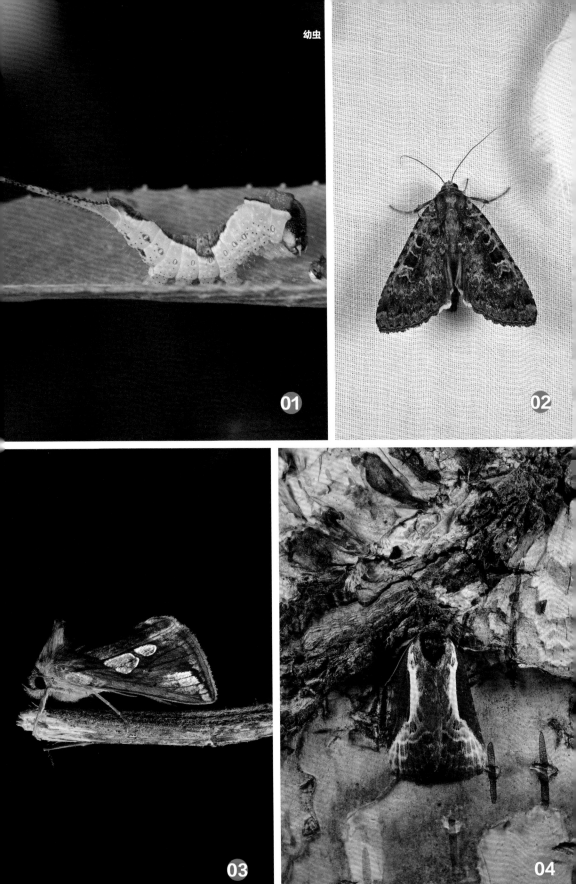

幼虫

01

—

葫芦夜蛾
Anadelidia peponis

鳞翅目 Lepidoptera
夜蛾科 Noctuidae

特征 体长 15~20 毫米，翅展 31~40 毫米。头、胸灰褐色，腹部淡褐黄色。前翅褐灰色，前缘区基部、中室后及端区带金色，前缘区中段有较细的褐色纹；基线达 1 脉；内线双线，在中室后内斜，褐色；环纹有灰色边；肾纹窄，褐色，有灰边；外线双线微曲内斜，褐色；内线与外线间在 2 脉后呈暗褐色；亚端线波曲，中段外方深褐色。后翅褐灰色。

02

—

光裳夜蛾
Ephesia sp.

鳞翅目 Lepidoptera
夜蛾科 Noctuidae

特征 体长 18~20 毫米，翅展 43~46 毫米，体褐色。前翅赭褐色，翅基部具有波状线纹，中室端斑明显，为一黑色小点，中带内外缘弯曲；顶角处有从前缘向外延伸的宽带 1 条，叉状，外斜至第 1 中脉。后翅褐色，有黄色中带。

03

—

美苔蛾
Miltochrista miniata

鳞翅目 Lepidoptera
灯蛾科 Arctiidae

特征 翅展 22~30 毫米。头部及胸部黄色，雄蛾腹部端部及腹面染黑色。前翅黄色，亚基点黑色，前缘基带带黑边，前缘下方有一条红带，至端半部成为前缘带，并与红色端带相连；内线黑色，在中室内及中室下方折角，并向后缘逐渐退化或完全退化，中室端有一黑点；外线齿状，黑色。后翅淡黄色，端区染红色。

04

—

头橙荷苔蛾
Ghoria gigantea

鳞翅目 Lepidoptera
灯蛾科 Arctiidae

特征 翅展 30~43 毫米。头部及颈板橙黄色，胸腹灰褐色，触角暗褐色，足黄色，胫节、跗节都有褐色带，腹面及腹部末端黄色。翅灰褐色，前翅有较宽的黄色前缘带，至翅顶逐渐变尖，前缘基部带黑边，后翅颜色比前翅浅。

01
—

净雪灯蛾
Spilosoma album

鳞翅目　Lepidoptera
灯蛾科　Arctiidae

特征　翅展 50~60 毫米。全身洁白，触角基部及端部均为白色。翅面雪白色，只有前翅近内缘中央有小黑点 2 枚，前缘中间有小黑斑 1 枚。

02
—

斑灯蛾
Pericallia matronula

鳞翅目　Lepidoptera
灯蛾科　Arctiidae

特征　翅展雄 62~80 毫米，雌 76~92 毫米。头部黑褐色，触角黑色，额上部、复眼上方有红纹。胸部红色，中间具黑褐色宽纵带。足黑褐色，腹部红色，背面及侧面有一列黑斑。前翅暗褐色，中室基部内及下方有一块黄斑，前缘也有黄斑；后翅橙黄色，具不规则波状斑纹。

03
—

肖浑黄灯蛾
Rhyparioides amurensis

鳞翅目　Lepidoptera
灯蛾科　Arctiidae

特征　翅展 43~60 毫米。雄蛾深黄色，额黑色，腹部红色，背面及侧面带黑点。前翅前缘有黑边和黑点。后翅红色，带黑点，有新月形黑色横脉纹，亚端点黑色。前翅反面红色，中室内带黑点，中带在中室下方折角，横脉纹黑色，外线具黑斑 3~4 个。雌蛾前翅黄褐色，黑点变为暗褐色，翅中央有暗褐色斑纹 1 个，后翅有黑色中带，斑纹比雄蛾大。

04
—

连丽毒蛾
Calliteara conjuncta

鳞翅目　Lepidoptera
毒蛾科　Lymantridae

特征　翅展雄 37~42 毫米，雌 42~50 毫米。触角黑色，栉齿灰色；头胸部黑灰色带棕色；腹部黑灰色，基部灰白色带棕色；下胸和足灰黑色，胫节、跗节有黑纹。前翅灰色有黑色和棕色鳞片，中区前半部灰白色，亚基线双线黑色，内线双线黑色，曲弧形，外线双线，内黑色，外灰色。亚端线灰色，波浪形，端线黑色。后翅灰褐色，横脉纹与外线褐色，不甚清晰。

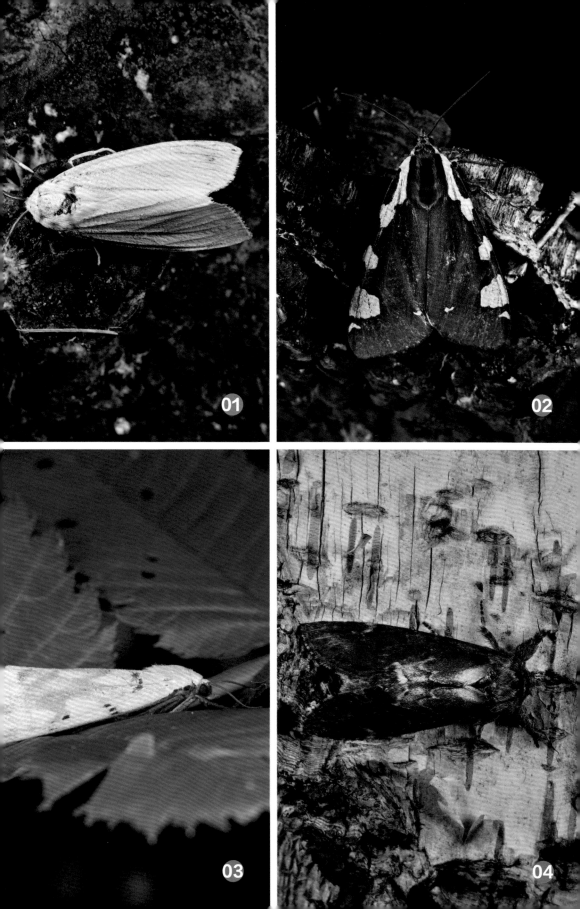

01

鳞翅目 Lepidoptera
毒蛾科 Lymantridae

松毒蛾
Dasychira argentata

特征 体长雄 14~16 毫米，雌 18~20 毫米；翅展雄 35~40 毫米，雌 45~50 毫米。体暗灰带淡褐棕色。触角灰白，栉齿黄褐色。前翅灰白色，有若干条不规则的波状黑褐色斑纹和锯齿状曲折。后翅雄蛾灰黑色，雌蛾暗灰色，基半部颜色较淡。前后翅反面中央均有一块显明的灰黑色斑纹，翅缘有成列的黑色点斑。

02

鳞翅目 Lepidoptera
毒蛾科 Lymantridae

栎毒蛾
Lymantria mathura

特征 翅展 40~70 毫米，雌蛾较大。前翅翅面底色灰白色，雌、雄斑型不同。雄蛾前胸背板有拟人样的黑斑，羽状触角发达，翅面排列波状或格子状的褐色斑纹，近翅端的褐斑较稀疏。雌蛾翅面斑纹较少，颜色较淡，触角简单，各脚及翅缘分布不明显的粉红色。

03

鳞翅目 Lepidoptera
凤蝶科 Papilionidae

绿带翠凤蝶
Papilio maackii

特征 翅展 80~130 毫米，分为春、夏两型，春型雌、雄蝶均略小于夏型，体色也不如夏型鲜艳。翅黑色，布满翠绿和蓝色鳞片。前翅亚缘有被脉纹分隔开的翠绿色横带，并与后翅中部蓝色的鳞片带状纹连在一起。后翅表面亚外缘有明显的红色弦月纹，翅反面散布大面积的金色鳞片。雄性前翅中室外侧有绒毛状性斑，易与雌性区别。

04

鳞翅目 Lepidoptera
凤蝶科 Papilionidae

白绢蝶
Parnassius stubbendorfi

特征 翅展 60~65 毫米。翅脉黑色，翅白色。前翅具不甚明显的半透明亚缘带和外缘带，有的无斑纹。后翅内缘有较大的长条形黑斑。翅反面与正面相近。雌性颈部及腹下侧生黄色毛；雄性颈部及腹侧生灰色毛。

01
—

突角小粉蝶
Leptidea amurensis

鳞翅目　Lepidoptera
粉蝶科　Pieridae

特征　翅展 28~50 毫米，小型，体细长纤弱。翅白色，前翅外缘近直线型，顶角十分突出，上面的黑斑近似卵形，大而明显。

02
—

红珠灰蝶
Lycaeides argyrognomon

鳞翅目　Lepidoptera
灰蝶科　Lycaenidae

特征　翅展 25~30 毫米。雌雄异型。雄蝶翅紫色；雌蝶翅暗褐色，两翅亚外缘橙红色。前翅带狭窄，后翅带宽。反面前翅 3 列黑色斑近平行列，后翅外列圆斑中置银色瞳点。

03
—

阿芬眼蝶
Aphantopus hyperanthus

鳞翅目　Lepidoptera
蛱蝶科　Nymphalidae

特征　翅展 40~50 毫米。雄蝶比雌蝶色深。翅褐色，前翅有眼斑 3 个；后翅有眼斑 5 个，其中前 2 个位于中线处，后 3 个位于亚外缘处，中线内侧色较深。正面眼斑不及反面清楚。

04
—

圆翅黛眼蝶
Lethe butleri

鳞翅目　Lepidoptera
蛱蝶科　Nymphalidae

特征　翅展 50~60 毫米。前翅反面亚外缘具 4 个眼斑，其中最上面近顶角处的 1 个清晰，下面 3 个退化；2 条亚外缘线暗褐色，波状；外横线较粗，波状，自前缘斜至后角，中室内有 1 条暗褐色横带。后翅反面亚外缘有 6 个清晰眼斑，中域有暗褐色横线 2 条，外侧 1 条至中室端向外弯曲，再沿眼斑而下至臀角。雄蝶前翅顶角不及雌蝶圆。

01

—

柳紫闪蛱蝶
Apatura ilia

鳞翅目　Lepidoptera
蛱蝶科　Nymphalidae

特征　翅展 59~64 毫米。翅黑褐色，在阳光下具强烈的紫色光泽。前翅大概有白斑 10 个，中室内有黑点 4 个；反面有 1 个黑色蓝瞳眼斑，围有棕色眶。后翅中央有 1 条由连续的白斑组成的横带，并有 1 个与前翅相似的小眼斑；反面白色带上端宽，下端尖削，中室端部尖出明显。

02

—

曲带闪蛱蝶
Apatura laverna

鳞翅目 Lepidoptera
蛱蝶科 Nymphalidae

特征　翅展 50~60 毫米。前翅中室后斑纹中下两个退化明显。后翅中央横带上端与中间内凸，末端缩小，使其内缘弯曲，与前翅后缘斑不连接，其外缘与亚缘的两条黑带平行，后翅反面基部有一块区域颜色较深。

03

—

白斑迷蛱蝶
Mimathyma schrenckii

鳞翅目 Lepidoptera
蛱蝶科 Nymphalidae

特征　翅展 76~89 毫米。前翅反面顶角银白色，外缘带棕褐色。后翅反面银白色，外缘有 1 条棕褐色带，在前缘外侧 1/3 处有一条斜至臀角的褐色带，斜带内侧有 1 个极大白斑。前翅正面顶角及后缘中央各有 2 个小白斑，中域有 1 条斜向外的白带，白带后缘有 2 个橙红色斑。后翅正面亚外缘前端有 2~3 个白斑，中域有 1 个近卵形大白斑，白斑边缘具蓝色光泽。雌蝶近臀角有橙色斑点。

04

—

绿豹蛱蝶
Argynnis paphia

鳞翅目 Lepidoptera
蛱蝶科 Nymphalidae

特征　翅展 65~68 毫米。雄蝶翅橙黄色，前翅有 4 条粗长的黑褐色性标，中室内有 4 条不规则短纹，翅端部有 3 列大小、形状不一的黑斑；后翅基部灰色，有 3 列圆斑和 1 条不规则波状中横线；前翅反面顶端灰绿色，有 3 列圆斑及波状中横线，黑斑大于正面；后翅反面灰绿色，具金属光泽，无黑斑，亚缘有眼斑及白色线，中部至基部有 3 条白色斜带。雌蝶翅暗灰色至灰橙色，黑斑较雄蝶发达。

01

—

黄环蛱蝶
Neptis themis

鳞翅目　Lepidoptera
蛱蝶科　Nymphalidae

特征　翅展 65~75 毫米。翅面黑褐色，前翅中室内有 1 条纵条纹，中室端外侧至后缘有 3 个黄斑，前缘中部略靠外有 2 个不明显小黄斑，顶角内侧有 3 个斜斑；后翅中部有 1 条黄条纹；前后翅亚端线暗黄褐色，后翅亚端线明显宽阔，成带状。翅反面褐色，前翅中室中部前缘外有 2 个小淡点，余斑同正面；后翅基部有 1 条白带纹，中部带纹浅黄，外侧有 1 列浓褐色斑，亚缘区有 1 条白色线纹，前后翅端带较宽。

02

—

链环蛱蝶
Neptis pryeri

鳞翅目　Lepidoptera
蛱蝶科　Nymphalidae

特征　翅面黑色，斑纹白色。前翅中室有一不连贯的白色纵纹；中室端部下方有 4 个排成弧形的白斑；近顶角处有 4 枚白斑。后翅有 2 条近平行的白色横带。

03

—

单环蛱蝶
Neptis rivularis

鳞翅目　Lepidoptera
蛱蝶科　Nymphalidae

特征　翅展 45~52 毫米。前翅正面底色为黑色或黑褐色，斑纹白色；外缘波状，中间凹入。反面底色为棕红色，斑纹白色；后缘珠光区色深；其余斑纹同前翅正面。后翅正面底色同前翅正面，斑纹白色；外缘波状，中间凹入；无亚外缘带；前缘区具有银灰色镜区，面积较小。反面底色同前翅反面，斑纹白色；无外线、中线。

04

—

白钩蛱蝶
Polygonia c-album

鳞翅目　Lepidoptera
蛱蝶科　Nymphalidae

特征　体长 18 毫米左右，翅展 45~61 毫米，为中型蝶类。翅缘凹凸分明，前翅 2 脉和后翅 4 脉末端突出部分尖锐（秋型更加明显）。前翅前缘暗色，外缘有黑褐色波状带；前翅中室内有 2 黑褐色斑。中室端有一长形黑褐色斑，中室与顶角间有一道矩形黑褐斑，中室外有 4 个排成品字形黑褐斑。后翅基半部有几个黑褐斑作歪形排列，其中外侧 1~3 个斑内有一些青色鳞。夏型翅面黄褐色，秋型翅面红褐色。翅反面后翅中央有银白色"L"纹，十分醒目。

01
—

孔雀蛱蝶
Aglais io

鳞翅目 Lepidoptera
蛱蝶科 Nymphalidae

特征 翅展 53~63 毫米。背呈褐色，被棕褐色短绒毛。触角端部灰黄色，呈明显的棒状。翅呈鲜艳的朱红色，前后翅各有一大型眼斑，前翅眼斑中心红色，周边呈现从黄色到浅粉色再到粉蓝色的过渡，后翅眼斑金属紫蓝色。翅反面暗褐色，并密布黑褐色波状横纹。雌雄无明显差别。

02
—

白矩朱蛱蝶
Nymphalis vau-album

鳞翅目 Lepidoptera
蛱蝶科 Nymphalidae

特征 体长 19~25 毫米，翅展 50~70 毫米。体为黑色，背部密被棕褐色短绒毛；翅呈红黄褐色，基部颜色较深，外缘锯齿状，有不规则的黄斑和黑斑。后翅正面前缘中部黑斑外侧有一白斑，亚外缘黑带窄；后翅反面中室具明显的"L"形白斑。

03
—

大蚊
Tipula sp.

双翅目 Diptera
大蚊科 Tipulidae

特征 体中等大，体长 15~25 毫米。头小，喙较长，触角念珠状。中胸背板淡褐色，有不明显的条纹。翅脉发达，翅面斑纹较为明显，中央有 2 枚黑色斑块，端部烟褐色。足甚长，淡褐色，无斑纹和条纹。

04
—

姬蜂虻
Systropus sp.

双翅目 Diptera
蜂虻科 Bombyliidae

特征 体长约 21 毫米。光滑少毛，腹部细长，与姬蜂相似。头部及触角均为黑色，复眼蓝黑色。翅褐色；胸黑色，有黄斑；腹部两端深黑色，中段黄褐色。前足与中足黄色，至端部渐为黑褐色；后足狭长，股节与胫节黑色，基部黄褐色。

01

双翅目　Diptera
水虻科　Stratiomyidae

亮斑扁角水虻
Hermetia illucens

特征　体长 15~20 毫米。身体主要为黑色，翅灰黑色，口器退化。雌虫腹部略显红色，第 2 腹节两端各具一白色半透明的斑点。雄虫腹部偏青铜色。

02

双翅目　Diptera
盗虻科　Aslidae

中华盗虻
Cophinopoda chinensis

特征　体型大，体长 20~28 毫米。体呈黄色至赤褐色。触角黄至黄褐色，第 3 节黑色。胸背中央有成对的暗褐色纵纹和斑。翅淡黄褐色，足黑色，胫节黄色。雌性腹部黄褐色，雄性暗褐色。

03

双翅目　Diptera
虻科　Tabanidae

白纹虻
Tabanus mandarinus

特征　体长 13~17 毫米，灰褐色。复眼大型，无细毛，中部有 1 条细窄的黑色横带。额黄色或略带浅灰。头顶被有短毛；触角黄色，第 3 节肥大，基部具有粗钝的背突。唇基和颊黄灰色。下颚须第 2 节浅黄色，被有白色杂有黑色的短毛。中胸背板、侧板、腹板灰黄色，被有黄色短毛并杂有黑色和黄灰色长毛。翅透明无斑，平衡棒黄色。足 3 对，中、后足的股节基部 1/3 处灰色；前足跗节及前足胫节端部黑色；中、后足跗节的端部黑褐色。腹部暗黄灰色。

04

双翅目　Diptera
沼蝇科　Ephydridae

具刺长角沼蝇
Sepedon spinipes

特征　体长 6.5 毫米，翅长 6.2 毫米；体较长。头部蓝黑，具金属光泽；触角长，第 1 节及第 3 节基部暗黄褐，其余黑褐；额具 3 条浅纵沟，前额突出；两触角基部中间有 1 瘤状突，颜与颊组成 1 圆筒状突起。中胸盾片蓝黑，覆灰色粉被，具 4 条不明显的黑色纵带，前部 1/3 处有 1 横沟。翅暗褐，端部色较深，翅脉黑褐。足大体红褐，基节与体同色，胫节端部及跗节褐至黑褐。腹部紫黑色。

01
—
同脉缟蝇
Homoneura sp.

双翅目 Diptera
缟蝇科 Lauxaniidae

特征 体型小，体长 3~3.6 毫米。头部为黄褐色，具有长鬃毛，复眼较大，有蓝绿色光泽，触角芒状。体为灰褐色，密布黑色长鬃毛，腹部后两节锥形，黑色。翅大部为黑褐色，多具有白色半透明圆斑。足为黄色。

02
—
黑带蚜蝇
Episyrphus balteatus

双翅目 Diptera
食蚜蝇科 Syrphidae

特征 体长 7~11 毫米。头为黑色，被棕黄毛，覆黄粉，头顶呈狭长三角形。额前端有 1 对黑斑。触角第 3 节背面黑色，余为橘红色。面部黄色，颊以黑色为主，被黄毛。中胸盾片黑色，中央有狭长灰纹 1 条，两侧也有灰色纵纹，较宽，并合于背板后端。腹部分节，第 2 节最宽。侧缘无隆脊。背面黄色居多，第 2~ 第 4 节后端和近基部有宽窄不同的黑横带，第 2 背片前黑带约在基部 1/3 处，第 3、第 4 节横带约在基部 1/4 处。第 4 节后缘黄色，第 5 节全黄色或中央有 1 黑斑。腹面黄色或第 2~ 第 4 腹片中央具黑斑。足为黄色。

03
—
褐线黄斑蚜蝇
Xanthogramma coreanum

双翅目 Diptera
食蚜蝇科 Syrphidae

特征 体长 11~13 毫米。头顶三角区黑色，被同色毛，额隆起，橘黄色；复眼裸出；触角深橘黄色。中胸背板深黑色，略带古铜色光泽，前半部具有 1 对灰棕色中条，两侧界限明显的橘黄色宽纵条；小盾片黑褐色，端部 1/3 黄色，侧板古铜色。腹部绒黑色，具橘黄色斑和条带，第 2 背板具宽卵形黄斑 1 对。足橘黄色，基部深黑色，翅淡棕色。

04
—
实蝇
Tephritidae sp.

双翅目 Diptera
实蝇科 Tephritidae

特征 体长 5 毫米左右，翅长约 4.5 毫米。体呈黄色，具黑色刚毛，复眼黄绿色。翅透明，短而宽，有黄色、褐色和黑色斑点，末端近黑色。

01

——

雾豹蛛
Pardosa nebulosa

蜘蛛目　Araneida
狼蛛科　Lycosidae

特征　体长 17 毫米左右。背甲黄褐色，镶有红棕色细边。中窝前方有一对平行纵纹，背甲中部两侧亦有 2 条纵斑纹，其边缘不规则，其他部位也散有不规则斑纹，均由红棕色短毛所组成。前眼列稍前曲，比后眼列短；后眼列后曲。中眼域宽大于长。胸板上有黑色 "U" 字形斑。螯肢前齿堤有 2 小齿；后齿堤有 4 大齿。触肢和步足密生不规则黑褐色斑点。腹部背面和侧面黑褐色。腹面灰白色。外雌器增厚部分略呈三角形。

02

——

斜纹猫蛛
Oxyopes sertatus

蜘蛛目　Araneida
猫蛛科　Oxyopidae

特征　体长 7~9 毫米，纺锤形。全体呈黄绿色或黄褐色。头部隆起，前缘垂直，背甲长大于宽。额高而直，有长而直立的毛。胸板心形，周缘棕黑色。腹部长椭圆形，末端尖细。腹部中央有黑褐色宽纵斑，两侧各有一灰白色条斑。步足各腿节腹面有 1 条清晰的黑纹，胫节基部内、外两侧各有 1 个黑斑。各腿、膝、胫、后跗节上均有黑色长刺，跗节末端有 3 爪。

03

——

柔弱长逍遥蛛
Tibellus tenellus

蜘蛛目　Araneida
逍遥蛛科　Philodromidae

特征　雌蛛体长 7.1~9.5 毫米。头胸部为黄色，卵圆形，背甲正中和两侧有带褐色小点斑的纵带。8 眼均黑色，以后侧眼为最大。胸板淡黄色，圆形。第 1、2 步足的腿节和胫节有明显褐色斑。腹部长椭圆形，背面具银白色鳞斑。纺器前方有一大型 "V" 形褐斑。雄蛛体长 7~8 毫米。体形构造与雌蛛同，唯腹部瘦细，灰褐色，其背、腹面无银白色鳞斑。

04

——

黄斑园蛛
Araneus ejusmodi

蜘蛛目　Araneida
园蛛科　Araneidae

特征　体长雄 5~6 毫米，雌 7~9 毫米。头部及胸部为黑褐色。头部较宽且高，颈沟明显。腹部卵圆形，两侧有黑色纵纹，背面中央及两侧均有大小相间的黄斑，背面自中段向体末端有若干条细纵线。腹部腹面中央自生殖沟至纺器呈黑褐色，上有 1 对 "T" 形黄斑。

01
—

三突花蛛
Ebrechtella tricuspidata

蜘蛛目　Araneida
蟹蛛科　Thomisidae

特征　雌蛛体长 4~6 毫米，雄蛛 3~5 毫米。雌蛛有绿、白、黄色多种体色。各步足具爪，有齿 3~4 个，其中前 2 对步足较长。腹部前宽后窄，呈梨形，腹背斑纹变化较大，有无斑型、全斑纹型及介于两者之间的中间斑纹型 3 种基本类型。雄蛛背甲红褐色，两侧各有一条深褐色带纹，头胸部边缘呈深褐色。触肢器短小，末端近似 1 个小圆镜，胫节外侧有一指状突起，顶端分叉；腹侧的 1 小突起一开始被误作 3 个小突起，因此而得名。

02
—

蓝翠蛛
Siler cupreus

蜘蛛目　Araneida
跳蛛科　Salticidae

特征　雌蛛体长 4~7.4 毫米，雄蛛 4~5.6 毫米。雌蛛头胸中部隆起，棕褐色，眼区黑褐色，有蓝白色细毛，前边毛粗密，并向前方伸出。生活时头胸部有金属光泽。雄蛛体色较深，金属光泽也较强。背甲外缘有黑色细边，沿此缘有 1 条蓝斑窄带，侧纵带深色。腹部背面光泽夺目，在中、后段各有一条蓝色闪光横带。第 1 步足灰褐色，粗壮，膝、胫节均被蓝黑色丛毛，第 3、第 4 对步足黄色。

03
—

全沟硬蜱
Ixodes persulcatus

寄螨目　Parasitiformes
硬蜱科　Ixodidae

特征　体长中等，未吸血个体 2.5~3.5 毫米。假头基腹面的耳状突呈钝齿形。第 1 对足基节有一细长的内距。雌虫盾板椭圆形。雄虫假头基腹面向后凸出呈圆角。

04
—

雅丽酸带马陆
Oxidus gracilis

带马陆目　Polydesmida
条马陆科　Paradoxosomatidae

特征　小型个体，体长 15~22 毫米，宽 2~3 毫米。体分 20 节，步足 18 对。额部密生刺毛。触角长，棒状。颈板半圆形，侧体背两面隆起。胸板方形。雄性第 2 胸板无突起。生殖肢基节短且直，端部有少许刚毛并具一指状突起，前股节与股节分界明显，前股节具少许刚毛，股节短，末端方形，后股节小。胫节与跗节分离，胫节呈枝状，末端弯，基部有一侧枝状突起，跗节末端分两叉。生活时，体呈褐色或黑褐色。

鱼

　　胜山保护区内河流纵横，有黑龙江一级支流逊河及其众多支流，由于地处寒冷的季节性冻土地带，地表易积水，保护区内发育了大面积的沼泽、草甸和草塘，孕育了丰富的水生动植物。因此，鱼类资源十分丰富，共有14科、57种，鱼类组成中以鲤科所占比例最大，共有36种（不包括引入鱼类），占63.2%。

　　在本次生物多样性调查中，共记录到鱼类和其他水生生物6种。其中鱼类5种，隶属2目、4科，分别是真鲹、花江鲹、北方花鳅、北方须鳅、黑龙江中杜父鱼；其他水生生物1种，为雷氏七鳃鳗。记录到的种类均属国家保护的有益或者有重要经济或科学研究价值的陆生野生动物。从区系上看，大多数为常见的广布种。

鱼类摄影（按姓氏拼音排序）：王斌　徐廷程　郑运祥

01
—

真鱥
Phoxinus phoxinus

鲤形目　Cypriniformes
鲤科　Cyprinidae

特征　体呈圆筒状，小而厚。体的高度小于头长，尾柄细长；背部褐色，有小黑点；腹部与体侧银白色，体侧中轴的大黑斑点连成一条带纹。

习性　5 月末至 6 月初产卵，以藻类和昆虫幼虫等为食。

环境　生活在水温较低、水清和流动的水域中。

02
—

花江鱥
Rhynchocypris czekanowskii

鲤形目　Cypriniformes
鲤科　Cyprinidae

特征　体型小，体侧扁略呈纺锤形，尾柄短而高。头较长，吻钝。体背黄褐色，体侧有许多细小而排列不整齐的斑点。背部有一黑条。

习性　主要以藻类等植物为食。6 月繁殖，此时雄性的生殖乳突显著突出。

环境　生活在水流缓慢的清水里。

03
—

北方花鳅
Cobitis granoei

鲤形目　Cypriniformes
鳅科　Cobitidae

特征　体细长、侧扁，头较小，尾鳍相对较平。体背及侧呈棕灰，腹部为白色，体侧有 11~12 个大斑，背、尾鳍上有褐色斑点，尾鳍基部有一明显黑斑。

习性　水底栖息，主要以水生无脊椎动物为食。

环境　生活在水流缓慢的江河、湖泊、沼泽中。

01

02

03

01

—

北方须鳅
Barbatula barbatula nuda

鲤形目　Cypriniformes
条鳅科　Nemacheilidae

特征　小型鱼，体细长、侧扁。有 3 对须，吻须 2 对，口角须 1 对，较长。腹部灰白色，其余多灰黄色，体背及体侧有许多不规则的褐色斑块。背鳍、尾鳍有褐色斑纹和斑点。

习性　底栖，杂食性，以底栖无脊椎动物为主。4~7 月繁殖。

环境　一般栖息在清冷水体的沙石底处。

02

—

黑龙江中杜父鱼
Mesocottus haitej

鲉形目　Scorpaeniformes
杜父鱼科　Cottidae

特征　小型鱼，体呈锥形，头部大而扁平，尾柄较细。体无鳞，背面和体侧被小刺。背鳍 2 个，胸鳍较大，腹鳍小，胸位。鱼体黄褐色，腹部较淡，在侧线上方有三块黑斑，尾鳍上有小黑点，其他鳍灰白色。

习性　底栖，耐寒，不好活动，以猛冲方式进行短距离游动。以底栖无脊椎动物为主，5 月产卵。

环境　主要生活在砾石底的河道中。

03

—

雷氏七鳃鳗
Lethenteron reissneri

七鳃鳗目　Petromyzontiformes
七鳃鳗科　Petromyzontidae

特征　体呈长圆筒形，体长 10~17 厘米，个体小。尾部稍侧扁，眼后各有 7 个鳃孔。口位于头前部腹面，呈吸盘状，周围有一圈排列整齐的纤细绒毛状突起。皮肤无鳞，背鳍 2 个，在体后半部，呈两个山峰状，基底相连，臀鳍退化为皮褶，无胸鳍和腹鳍。体背部暗褐色，腹部白色。

习性　白天藏在沙中或石下，夜晚觅食。营半寄生生活，食浮游生物，也可用吸盘吸附在其他鱼体上吮食血肉。5~6 月产卵。

环境　喜欢栖息在缓流、沙质底的淡水溪流中。

两栖爬行动物

Amphibian and Reptile

据资料记载，保护区现有两栖类2目、5科、9种，占黑龙江省两栖类种数（12种）的75.0%，爬行类3目、4科、11种，占黑龙江省爬行类种数（16种）的68.8%。在保护区分布的9种两栖动物和11种爬行动物中，从动物地理区系来看，绝大多数都属于古北界的种类，个别种则古北界、东洋界均有分布。

而在本次生物多样性调查中共记录到两栖爬行动物5种，其中两栖类3种，隶属2目、2科；爬行类2种，隶属2目、2科。记录到的种类均属国家保护的有益的或者有重要经济或科学研究价值的陆生野生动物。从区系上看，大多数为常见的广布种，乌苏里蝮和东北林蛙为古北界东北型的代表。胎蜥，因其卵胎生殖，直接产下仔蜥而得名，国内只在东北和新疆有分布。东北林蛙，俗名哈什蚂、哈士蟆，其输卵管又称雪蛤、林蛙油，是东北著名的经济动物。

两栖爬行动物摄影（按图片数量排序）：徐廷程 王斌 郭亮

01

—

东北林蛙
Rana dybowskii

无尾目　Anura
蛙科　Ranidae

特征　雄体长 54~72 毫米，雌体长 58~81 毫米。体型大而肥硕，瞳孔呈横椭圆形，鼓膜略大于眼径长的一半。皮肤较光滑，具较细的背侧褶，在颞部上方呈曲折状，指、趾端钝圆，外侧 3 指间几乎为全蹼。体色变异大，体背多为灰褐色、深褐色、红褐色或黄褐色等，多具黑褐色色斑。颞部具黑褐色三角斑，四肢有黑褐色横纹，雄性腹面多为灰白色散以灰色斑纹，雌性腹面多为浅红褐色。

习性　白天隐匿，晚间伏于石块上或水边。跳跃力强，以昆虫及其他小动物为食。繁殖季节 4~5 月，冬季潜伏于水底越冬。

环境　栖息于海拔 900 米以下的山区、丘陵、平原，见于各种水环境。

02

—

黑龙江林蛙
Rana amurensis

无尾目　Anura
蛙科　Ranidae

特征　雄体长 49~66 毫米，雌体长 51~70 毫米。瞳孔呈横椭圆形，鼓膜大于眼径长的一半。皮肤较粗糙，分布有棕黄色或朱红色疣粒，具较细的背侧褶，指、趾端钝尖。体色变异大，体背多为灰褐色、红褐色或黄褐色等；背面具浅色脊纹，并散以黑褐色色斑；颞部具黑褐色三角斑，四肢有黑褐色横纹；雄性腹面灰白色具血红色斑纹，雌性腹面灰褐色也有血红色斑。雄蛙无声囊。

习性　白天隐匿，晚间伏于石块上或水边。繁殖季节 4~5 月，冬季潜伏于水底越冬。

环境　栖息于海拔 600 米以下的山区、丘陵、平原，见于各种水环境。

03

—

极北鲵
Salamandrella keyserlingii

有尾目　Caudata
小鲵科　Hynobiidae

特征　雄体长 117~127 毫米，雌体长 100~112 毫米。头部扁平呈椭圆形，无唇褶。躯干略扁，尾侧扁而较短，短于头体长，肋沟 13~14 条。前足 4 个指，后足 4 个趾。皮肤光滑，头体背面多为棕黑色或棕黄色，体背具 3 道不连续的黑褐色纵纹并杂以黑褐色斑点，腹面浅灰色。

习性　白天隐匿，晚间于水边活动。以昆虫、软体动物、蚯蚓等为食。繁殖季节 4~5 月，卵袋一端黏附在水中的树枝上，冬季在洞穴中蛰伏越冬。

环境　栖息于海拔 1800 米以下的山区溪流、水塘或其附近的林地中。

幼体

01
—

胎生蜥蜴
Zootoca vivipara

有鳞目 Squamata
蜥蜴科 Lacertidae

特征 成体全长 15 厘米左右，尾长约为躯体长的 1.3~1.5 倍。头背具大块对称鳞片，躯干背面被粒鳞，躯干腹面具纵横成行的长方形平滑大鳞，尾部各鳞排列整齐，形成环状构造。耳孔较大，鼓膜裸露。背面褐色，散以较小的黑褐色及白色色斑，雄性体侧常具红褐色侧纹。

习性 白天活动，捕食小型昆虫、蜘蛛等。卵胎生，直接产下仔蜥。冬眠出蛰后交配，七八月产仔。善游泳。

环境 栖于气温较低的针叶林边缘开阔地、林间草甸或沼泽地带，近水边活动，是分布最北方的爬行动物之一。

02
—

乌苏里蝮
Gloydius ussuriensis

有鳞目 Squamata
蝰科 Viperidae

特征 成体全长 40~60 厘米，体型短粗。头背为对称大鳞片，中段背鳞 21 行。头部呈三角形，颊部具有感知热量的颊窝；眼后有一宽大的黑褐色眉纹，在其上缘镶以白色细纹，头腹面的颔片外侧无深色色斑。体色多呈红褐或黑褐色，体背色斑轮廓较不明显。成体尾末端颜色较深，与身体同色。幼体和亚成体尾尖颜色较浅，呈黄色。

习性 白天隐匿，晚间于水边捕食鼠类、蛙类、鱼类等。具有毒液。卵胎生。8 月下旬至 9 月中旬产仔 2~10 条；10 月上中旬开始冬眠，次年 5 月中旬出蛰。

环境 栖息于海拔 500 以下的丘陵平原，近水边活动。多见于平原、浅丘或低山的杂草、灌丛或石堆中。

鸟

胜山保护区有大面积的森林、灌丛、沼泽、草甸、草塘及河流水域，为众多鸟类提供了良好的栖息环境和充足的食物来源。区内有鸟类17目、47科、214种，其中夏候鸟119种，占保护区鸟类种数的55.1%；其次为留鸟和旅鸟，有45种和39种，分别占总种数的21.0%和18.3%；冬候鸟最少，有12种，占保护区鸟类种数的5.6%。

在本次生物多样性调查中，共记录到鸟类16目、39科、71属，共99种，其中非雀形目鸟类43种，占鸟类总数的43.4%，雀形目鸟类56种，占总数的56.6%。其中包括国家二级保护动物15种（鹗、凤头蜂鹰、黑鸢等）。世界自然保护联盟（IUCN）红色名录收录的近危种1种（白腰勺鹬）。

从鸟类居留型上来看，四次调查中共发现夏候鸟60种，种类繁多，以鸫科与莺科鸟类为主，这主要得益于胜山保护区夏季适宜的温度和丰富的食物资源。留鸟有26种，主要为鸦科、啄木鸟科、山雀科、雉科和鸱鸮科鸟类，而旅鸟有田鹀、小鹀和黄眉鹀等鹀科鸟类。此外，在保护区的沼泽湿地中还栖息着多种雁鸭类，如绿翅鸭、鹊鸭、普通秋沙鸭等。

胜山保护区冬季漫长而寒冷，平均气温在-10℃以下，生存环境艰难。在冬季调查发现的鸟类中以雀形目为主，包括在其他季节没有发现的白腰朱顶雀、北朱雀、红腹灰雀，其中白腰朱顶雀的种群数量较丰富，多成群活动，有时甚至可见数百只集群。

鸟类摄影（按图片数量排序）：郭亮 曹宏颖 郑运祥 保护区红外相机

01
—

鸳鸯
Aix galericulata

雁形目　Anseriformes
鸭科　Anatidae

特征　体长约 40 厘米。繁殖期雄鸟色彩鲜艳，嘴红色，颈金色，眉纹白色，具独特的棕黄色炫耀性"帆状饰羽"。雌鸟嘴灰色，体羽亮灰色，有白色眼圈及眼后线。雄鸟非繁殖羽与雌鸟相似，嘴红色。

虹膜——褐色；嘴——雄鸟红色，雌鸟灰色；脚——近黄色。

习性　营巢于树上洞穴或河岸，喜成群活动。杂食。性机警。

环境　栖息于针阔混交林及附近的溪流、沼泽、芦苇塘和湖泊等处。

02
—

琵嘴鸭
Anas clypeata

雁形目　Anseriformes
鸭科　Anatidae

特征　体长约 50 厘米。嘴特别长，末端呈匙形。雄鸟头部绿色，有光泽，腹部为栗色，胸部白色；雌鸟整体呈斑驳的褐色。

虹膜——褐色；嘴——繁殖期雄鸟近黑色，雌鸟橘黄褐色；脚——橘黄色。

习性　常成对或小群活动于水边。性谨慎。主要以其铲状的嘴在浅水处的泥底挖掘软体动物、甲壳类等水生动物。4 月在东北繁殖，营巢于草丛。

环境　栖息于开阔地区的江河、湖泊、沼泽、水塘等水域环境中。

03
—

绿头鸭
Anas platyrhynchos

雁形目　Anseriformes
鸭科　Anatidae

特征　体长约 58 厘米。为家鸭的野生祖先。繁殖期雄鸟头及颈深绿色，有光泽，颈环白色，将头与栗色胸隔开。雌鸟褐色斑驳，有深色的贯眼纹。

虹膜——褐色；嘴——黄色；脚——橘黄。

习性　除繁殖期外成群活动。杂食。性好动。常营巢于水域岸边草丛。

环境　栖息于河流、水库、湖泊、水田、池塘、沼泽等水域。

04
—

斑嘴鸭
Anas zonorhyncha

雁形目　Anseriformes
鸭科　Anatidae

特征　体长约 58 厘米。通体黄褐色，头具深色贯眼纹和下颊纹，上背和两胁具鳞状深褐色斑，翼镜蓝色而泛紫色光泽。

虹膜——棕褐色；嘴——黑色尖端黄色；脚——鲜红色。

习性　除繁殖期外成群活动。善游泳，善行走。杂食。营巢于湖泊、河流等水域岸边草丛或芦苇丛中。

环境　栖息于河流、湖泊、水塘、沼泽、水库、滩涂等多种生境。

雄

雌
01

雄

雌
02

雄

雌
03

04

01
———

鹊鸭
Bucephala clangula

雁形目　Anseriformes
鸭科　Anatidae

特征　体长约 48 厘米。眼金色，头大而高耸。繁殖期雄鸟头部黑色且具绿色金属光泽，嘴基部有白色圆形大点斑，胸腹部白色。雌鸟烟灰色，有近白色的扇贝形纹；头褐色。雄鸟非繁殖羽似雌鸟，嘴基仍可见浅色圆斑。

　　　虹膜——黄色；嘴——近黑；脚——黄色。

习性　喜结群活动。潜水取食，以昆虫为主，游泳时尾上翘。性机警。通常营巢于水域岸边天然树洞中。

环境　栖息于流速缓慢的江河、湖泊、水库、河口、海湾和沿海水域。

02
———

普通秋沙鸭
Mergus merganser

雁形目　Anseriformes
鸭科　Anatidae

特征　体长约 68 厘米。嘴细长，先端具钩。繁殖期雄鸟头及背部绿黑色，与光洁的乳白色胸部及下体形成鲜明对比；飞行时可见翼白色而外侧飞羽黑色。雌鸟与非繁殖期雄鸟相近，均上体深灰色，下体浅灰色，颏白色而头棕褐色。

　　　虹膜——褐色；嘴——红色；脚——红色。

习性　喜结群活动。潜水捕食鱼、虾等动物性食物。营巢于紧靠水边的天然树洞中。

环境　栖息于内陆湖泊、江河、水库、池塘、河口等淡水水域。

03
———

环颈雉
Phasianus colchicus

鸡形目　Galliformes
雉科　Phasianidae

特征　体长雄鸟约 90 厘米，雌鸟约 58 厘米。雄鸟头颈墨绿色，脸颊具红色裸皮。头后具短羽冠，胸颈处有白色颈环。上背红褐色具灰白色鳞状斑，胸腹红褐色具黑色点斑，两胁黄棕色。雌鸟通体黄棕色，背具深色鳞状斑。

　　　虹膜——红褐色；嘴——牙黄色；脚——灰色。

习性　多成对或集小群活动。善走而不能久飞。喜食谷类、浆果、种子和昆虫。营巢于草丛、芦苇丛或灌丛中。

环境　栖息于林间湿地、农田、湖泽、林缘和灌丛。

04
———

花尾榛鸡
Tetrastes bonasia

鸡形目　Galliformes
雉科　Phasianidae

特征　体长约 36 厘米，别名"飞龙"。具短羽冠；上体棕灰色，密布栗褐色横斑，下体杂白色；外侧尾羽呈花斑状。雌鸟类似，区别是雌鸟不如雄鸟鲜艳，喉部较白。国家二级保护动物。

　　　虹膜——深褐；嘴——黑色；脚——角质色。

习性　多成对活动。叫声高而尖。杂食，以植物为主。

环境　栖息于植被茂盛、浆果丰富的森林中。

01

02

03

雄

雌

雄

雄

04

01

—

苍鹭
Ardea cinerea

鹈形目　Pelecaniformes
鹭科　Ardeidae

特征　体长约 90 厘米。全身灰色，头颈白色，头后枕有黑色的羽冠。
　　　　虹膜——黄色；嘴——尖长为黄绿色；脚——黄色。

习性　多单独活动，常呆立不动许久等待猎物靠近。叫声粗而高。以小型鱼类
等动物性食物为食。营巢在水域附近的树上或芦苇与水草丛中。

环境　栖息于水田、湖泊、河流、沼泽等浅水湿地。

02

—

草鹭
Ardea purpurea

鹈形目　Pelecaniformes
鹭科　Ardeidae

特征　体长约 80 厘米。体灰色而杂以黑色和栗色斑纹。顶冠黑色，繁殖期有
两道饰纹；颈棕色，颈侧有黑色纵纹；覆羽及背灰色，飞羽黑色，其余体羽红
褐色。
　　　　虹膜——黄色；嘴——褐色；脚——红褐色。

习性　性孤僻。鸣声高而嘶哑。以小鱼等动物性食物为食。营巢于富有芦苇和
挺水植物的水域中。

环境　栖息于水田、湖泊、河流、沼泽等有芦苇的浅水中。

03

—

普通鸬鹚
Phalacrocorax carbo

鲣鸟目　Suliformes
鸬鹚科　Phalacrocoracidae

特征　体长约 90 厘米。全身黑色有辉光，嘴长像鹭但不尖而像老鹰一样带钩，
脸颊和喉咙白色，夏季后颊也有白色。
　　　　虹膜——蓝色；嘴——黑色；脚——黑色。

习性　喜集群活动。嗜吃鱼类，游泳能力极强，常于潜水后站立在水面石块或
树桩上张开膀膀晾晒羽毛。营巢于湖边、河岸或沼泽地中的树上。

环境　栖息于河流、湖泊、水库等湿地环境的深水区域。

04

—

鹗
Pandion haliaetus

鹰形目　Accipitriformes
鹗科　Pandionidae

特征　体长约 55 厘米。上体多暗褐色，下体及头部白色，有黑色的贯眼纹和
能够竖立的深色短冠羽。国家二级保护动物。
　　　　虹膜——黄色；嘴——黑色，蜡膜灰色；脚——裸露跗蹠及脚灰色。

习性　常单独或成对活动。营巢于水边树上。主要以鱼为食。

环境　栖息于湖泊、河流等地，也常到开阔无林地区的河流、水塘地区。

01
—

凤头蜂鹰
Pernis ptilorhynchus

鹰形目　Accipitriformes
鹰科　Accipitridae

特征　体长约 60 厘米。头顶常有短羽冠。体羽多变，多暗褐色。翼指 6 枚，次级飞羽边缘黑色，尾羽具黑色横纹。

　　　　虹膜——雄鸟虹膜红褐色，雌鸟橘黄色；嘴——灰黑色；脚——黄色。

习性　常单独活动。主要以蜂蜜、蜂蜡和蜜蜂幼虫为食，也捕食其他小型动物。因掠食能力较差，常拟态成其他种类的中大型猛禽。营巢于树上。

环境　繁殖于东亚和东北亚的森林，也见于林缘和人工林。

02
—

黑鸢
Milvus migrans

鹰形目　Accipitriformes
鹰科　Accipitridae

特征　体长约 65 厘米。体羽深褐色，尾分叉不明显，飞行时初级飞羽基部的浅色次端斑纹较明显。翼上有较白的斑块。国家二级保护动物。

　　　　虹膜——棕色；嘴——灰色；蜡膜黄色；脚——黄色。

习性　性机警。捕食小型动物。营巢于高大树上与悬崖峭壁上。

环境　栖息于开阔平原、草地和低山丘陵地带，也常在近人类区域活动。

03
—

普通鵟
Buteo japonicus

鹰形目　Accipitriformes
鹰科　Accipitridae

特征　体长约 55 厘米。全身红褐色，头和身体的比例较小，嘴巴带钩，翅膀从下看去为浅色，但弯折处有褐色斑。

　　　　虹膜——黄褐色；嘴——灰黑色；脚——黄色。

习性　性机警。主要捕食中小型兽类。营巢于高大树上。

环境　多活动于山区环境，也见于丘陵和高原台面。

04
—

毛脚鵟
Buteo lagopus

鹰形目　Accipitriformes
鹰科　Accipitridae

特征　体长约 54 厘米。体褐色，翼角具黑斑，与浅色尾形成鲜明对比。

　　　　虹膜——黄褐；嘴——深灰，蜡膜黄色；脚——黄色。

习性　喜徘徊飞行，常与普通鵟一起活动。主要捕食小型啮齿类动物和小型鸟类。5~8 月在近北极苔原地带繁殖，巢结构庞大，雌雄共同抚育。

环境　常栖息于较开阔地带，如稀疏的针阔混交林及原野、耕地等。

01

02

亚成鸟

03

04

01
—
雀鹰
Accipiter nisus

鹰形目　Accipitriformes
鹰科　Accipitridae

特征　雌鸟体长约 38 厘米，雄鸟体长约 32 厘米。翼较短。雌鸟上体褐色，下体白色，胸、腹部及腿上有灰褐色横斑。雄鸟脸颊棕色，上体褐灰色，下体白色且有较多的棕色横斑，尾具横带。国家二级保护动物。

虹膜——艳黄色；嘴——角质色，端黑；脚——黄色。

习性　速度快，飞行能力强。主要食物为小型鸟类。常单独生活。

环境　栖息于针叶林、混交林、阔叶林等山地森林和林缘地带。

02
—
白尾鹞
Circus cyaneus

鹰形目　Accipitriformes
鹰科　Accipitridae

特征　体长约 50 厘米。雄鸟上体灰色，腰和尾上覆羽白色，翼尖黑色，与上体余部对比明显；下体胸以上灰色，余部白色。雌鸟褐色，头部色彩平淡；后翼缘深色，并延伸至翼尖，次级飞羽色浅；下体皮黄色或棕褐色，具深色纵纹，尤以上胸纵纹密集而显著。国家二级保护动物。

虹膜——浅褐色；嘴——灰色；脚——黄色。

习性　以小型爬行类、昆虫为食，捕食于空旷的地方。飞行迅速。

环境　栖息于开阔原野、草地及农耕地。

03
—
扇尾沙锥
Gallinago gallinago

鸻形目　Charadriiformes
鹬科　Scolopacidae

特征　体长约 26 厘米。上体棕褐色具皮黄色宽纵纹，脸黄褐色具深褐色贯眼纹和颊纹，下体白色且两胁具黑褐色横纹，尾为红色且较短。

虹膜——黑褐色；嘴——黄褐色；脚——黄绿色。

习性　多集小群，与其他小型鸻鹬类混群，受惊后边飞边叫。主要以昆虫为食。

环境　栖息于沼泽、湖泊、河岸、海滩、河口，也见于草地和水田等生境。

04
—
矶鹬
Actitis hypoleucos

鸻形目　Charadriiformes
鹬科　Scolopacidae

特征　体长约 20 厘米。上体灰褐色，前胸密布灰褐色纵纹，下体纯白色，嘴相对较细短和头等长，胸侧有标志性的三角形白色块斑。

虹膜——黑褐色；嘴——角质灰色；脚——黄绿色。

习性　常单个或成对活动。尾巴不停地上下翘动。主要以昆虫为食。

环境　栖息于河流、湖泊、水库、池塘、沼泽、水沟等多种近水的生境。

01

—

白腰草鹬
Tringa ochropus

鸻形目	Charadriiformes
鹬科	Scolopacidae

特征 体长约 22 厘米。上体深黑褐色，夏季上背有密密的白色小点斑，前胸有黑褐色的胸带，下体纯白色。头上有标志性的白色眉纹，嘴细长，约为头长的 1.5 倍。

虹膜——黑褐色；嘴——暗青绿色；脚——黄绿色。

习性 单独或成对活动。以无脊椎动物、鱼虾等为食。惊飞后贴水面边飞边叫。

环境 栖息于河流、沼泽、湖泊、池塘等近水生境中。

02

—

青脚鹬
Tringa nebularia

鸻形目	Charadriiformes
鹬科	Scolopacidae

特征 体长约 32 厘米。腿近绿，灰色的嘴长而粗且略向上翻。上体灰褐具杂色斑纹；下体白色；喉、胸及两胁具褐色纵纹。背部的白色长条于飞行时尤为明显。翼下具深色细纹。

虹膜——褐色；嘴——灰色，端黑；脚——黄绿色。

习性 常单独或三两成群。在浅水中捕食虾、蟹、昆虫等。营巢于林中或林缘湿地。

环境 栖息于内陆的沼泽地带及大河流的泥滩。

03

—

鹤鹬
Tringa erythropus

鸻形目	Charadriiformes
鹬科	Scolopacidae

特征 体长约 30 厘米。头和上体灰色密布白色点斑，具明显白色眉纹，下体白色。繁殖时羽同体黑色具白色点斑，眉纹不明显。

虹膜——黑褐色；嘴——上嘴角质黑色，下嘴基鲜红色；脚——鲜红色。

习性 集小群活动。主要以甲壳类和软体动物为食。较其他鹬类更喜欢在深水游泳。

环境 栖息于湖泊、河岸、沼泽、草地，也见于养殖塘和水田。

04

—

山斑鸠
Streptopelia orientalis

鸽形目	Columbiformes
鸠鸽科	Columbidae

特征 体长约 32 厘米。体羽偏粉色，颈侧的黑白条纹块状斑较明显。上体羽毛深色，羽缘棕色，形成扇贝状斑纹；腰灰色，尾羽近黑色，尾梢浅灰；下体常偏粉色。脚红色。

虹膜——黄色；嘴——灰色；脚——粉红。

习性 成对生活。以植物果实、种子等为食。鸣声低沉。营巢于森林中的树上。

环境 栖息于开阔农耕区、村庄及林缘周围。

01

大杜鹃
Cuculus canorus

鹃形目　Cuculiformes
杜鹃科　Cuculidae

特征　体长约 33 厘米。上半身青灰色，下半身白色有细密的黑色横纹，尾偏黑色，嘴有 2 厘米多长。

　　　　虹膜——黄色或红黄色有眼圈；嘴——上嘴深色，下嘴基部黄色；脚——黄色。

习性　不自己筑巢，将蛋下在其他鸟类的巢中而让其他鸟类代孵。以蛾子和蝴蝶的幼虫、松毛虫和其他昆虫为食。性孤僻，叫声凄厉洪亮。

环境　栖息于树林、灌丛、林缘和芦苇生境。

02

猛鸮
Surnia ulula

鸮形目　Strigiformes
鸱鸮科　Strigidae

特征　体长约 38 厘米。尾与鹰相似。上体棕褐色，有近白色大点斑，两翼及尾有较多横斑，蓬松的额羽密布细小斑点，两眼间和脸颊白色，旁边有深褐色的弧形纹饰；颏深褐色，与白色胸环相连；其余下体偏白色，密布褐色细横纹。国家二级保护动物。

　　　　虹膜——黄色；嘴——偏黄；脚——浅色被羽。

习性　多在白天觅食，主要以鼠类为食。营巢于枯树顶端洞或树洞中。

环境　栖息在针叶林、混交林、白桦及落叶松灌丛的林中开阔地。

03

鬼鸮
Aegolius funereus

鸮形目　Strigiformes
鸱鸮科　Strigidae

特征　体长约 25 厘米。通体褐色，多浅色点斑，肩部的白斑较大。头高而稍显方形，有白色大"眼镜"。眉纹上扬呈吃惊状，紧贴眼角近鼻梁处各有一黑斑。下体白色，有污褐色纵纹。国家二级保护动物。

　　　　虹膜——亮黄；嘴——角质灰色；脚——黄，被白色羽。

习性　营巢于啄木鸟的洞穴，喜夜行。栖于茂密的针叶林。多单独活动。主要以鼠类为食。

环境　栖息于草原、沼泽地、苔原附近的针叶林和针阔混交林内。

04

乌林鸮
Strix nebulosa

鸮形目　Strigiformes
鸱鸮科　Strigidae

特征　体长约 65 厘米。通体灰色，有浓重的深褐色纵纹。面盘呈现深浅相间的同心圆状斑纹；眼鲜黄色，两眼间有左右对称的"C"形白色纹饰；无耳羽簇。喉中部黑色，两侧是白色领线，下端向两侧延伸成面盘的底线。

　　　　虹膜——黄色；嘴——黄色；脚——橘黄。

习性　性机警，昼伏夜出，平时常单独活动。主要以啮齿动物为食。

环境　栖息在以落叶松、白桦、山杨为主的混交林、针叶林及落叶林中。

01
—

长尾林鸮
Strix uralensis

鸮形目　Strigiformes
鸱鸮科　Strigidae

特征　体长约 54 厘米。嘴橘色。黄面盘灰色，较宽，眼暗色，眉偏白。上体深褐色，有近黑色纵纹，两翼及尾有横斑。下体皮黄灰色，有纵向的深褐色粗纹。国家二级保护动物。
　　　　虹膜——褐色；嘴——橘黄；脚——被羽，具皮黄色及灰色横斑。国家二级保护动物。
习性　飞行轻快多呈波浪式。以啮齿类及中大型鸟类为食。常营巢于树洞中。
环境　栖息于山地针叶林、针阔叶混交林和阔叶林中。

02
—

短耳鸮
Asio flammeus

鸮形目　Strigiformes
鸱鸮科　Strigidae

特征　体长约 38 厘米。翼长，耳羽簇短小，眼黄色，眼圈暗。上体黄褐，满布黑色和皮黄色纵纹。下体皮黄色，具深褐色纵纹。国家二级保护动物。
　　　　虹膜——黄色；嘴——深灰；脚——偏白。
习性　常能在白昼看见。夜间多食田鼠，白天多食昆虫。常营巢于沼泽附近的草丛中。
环境　多见于开阔平原草地、沼泽和湖岸地带。

03
—

雪鸮
Bubo scandiacus

鸮形目　Strigiformes
鸱鸮科　Strigidae

特征　体长约 60 厘米。通体呈白色，具褐色斑纹，羽毛浓密；雄性较少而雌性及幼鸟较多。无其他鸮类常见的耳状羽。国家二级保护动物。
　　　　虹膜——黄色；嘴——黑色；脚——黄色。
习性　独居、昼行性鸮。飞行平稳，俯冲力强。主要以鼠类、鸟类、昆虫为食。
环境　栖息于寒冷的冻土及苔原地带，会因食物短缺作周期性南迁越冬。在开阔地带活动。

04
—

普通夜鹰
Caprimulgus jotaka

鸮形目　Caprimulgiformes
鸱鸮科　Caprimulgidae

特征　体长约 28 厘米。体偏灰色，外侧 4 对尾羽具白色斑纹。雌鸟与雄鸟外形相似，但白色块斑呈皮黄色。
　　　　虹膜——褐色；嘴——偏黑；脚——深褐色。
习性　具有非常好的保护色。常在夜间活动，捕食空中的昆虫，白天蹲伏在草地或树枝上。不营巢，卵产在地面或岩石上。
环境　栖息于开阔的山区森林及灌丛中。

01
—

白喉针尾雨燕
Hirundapus caudacutus

雨燕目　Apodiformes
雨燕科　Apodidae

特征　体长约 20 厘米。通体偏黑色，颏及喉白色，尾下覆羽白色，三级飞羽有小面积白色；褐色背上有银白色马鞍形斑块。

　　　　虹膜——深褐；嘴——黑色；脚——黑色。

习性　在森林及山脊飞行迅速，有时低飞于水上取食昆虫。营巢于悬崖石缝和树洞中。

环境　栖息于海拔 1800~2000 米的岩壁上。

02
—

普通翠鸟
Alcedo atthis

佛法僧目　Coraciiforme
翠鸟科　Alcedinidae

特征　体长约 16 厘米。头顶、下颊和两翼翠蓝色而具小蓝色点斑，背及尾天蓝色，眼先、眼后和胸腹橘红色，耳羽和喉部白色。

　　　　虹膜——褐色；嘴——黑色，雌鸟下嘴红色；脚——鲜红色。

习性　多见单独或成对活动。以小型鱼类为主要食物，几乎适应各种水域。

环境　栖息于河流、湖泊、鱼塘、沼泽、水渠、稻田等各种有水生境。

03
—

戴胜
Upupa epops

犀鸟目　Bucerotiformes
戴胜科　Upupidae

特征　体长约 30 厘米。前半身棕黄色，后半身包括翅膀具黑白色相间的横纹。头部具特征性的棕色羽冠，张开似扇子；嘴黑色，尖长，稍稍下弯。

　　　　虹膜——黑褐色；嘴——黑色；脚——黑色。

习性　多见单独或三两只活动，用细长嘴在地面钻掘寻找蝼蛄、蚂蚁等食物，不甚怕人。营巢于天然树洞中或啄木鸟的弃洞中。

环境　栖息于开阔的草地、农田、山坡、村落、荒地等生境。

04
—

蚁䴕
Jynx torquilla

䴕形目　Piciformes
啄木鸟科　Picidae

特征　体长约 17 厘米。嘴圆锥形，相对形短。尾较长，有不明显横斑。通体灰褐色，具斑驳而杂乱的斑纹，下体有横向小斑。

　　　　虹膜——淡褐；嘴——角质色；脚——褐色。

习性　不攀树，也不啄树干取食。在地面跳跃时尾上翘。飞行迟缓。主要以蚂蚁为食。单独活动，营巢于树洞或啄木鸟的弃洞中。

环境　栖息于开阔的草地、农田、山坡、村落、林地等生境。

01
—

大斑啄木鸟
Dendrocopos major

鴷形目　Piciformes
啄木鸟科　Picidae

特征　体长约 22 厘米。上背和头黑色，脸颊、喉咙和整个胸腹白色，翅膀和肩部有两块宽大的白色长条斑纹，雄鸟的后枕有红色。

　　　　虹膜——暗红色；嘴——角质灰色；脚——青灰色。

习性　常单独或成对活动，在树干上啄食昆虫和其他小型无脊椎动物。营巢于树洞中。

环境　栖息于阔叶林、针阔混交林和针叶林等多种林中，也见于果园、林场。

02
—

白背啄木鸟
Dendrocopos leucotos

鴷形目　Piciformes
啄木鸟科　Picidae

特征　体长约 25 厘米。体以黑白色为主，下背白色，两翼及外侧尾羽有白色点斑；下体白色并有黑色纵纹，臀部红色。雄鸟额白色，顶冠绯红色。雌鸟顶冠黑色。

　　　　虹膜——褐色；嘴——黑色；脚——灰色。

习性　常单独或成对活动；飞行呈波浪式；在树干上啄食昆虫；不怕生。
环境　喜栖于老朽树木。

03
—

小斑啄木鸟
Dendrocopos minor

鴷形目　Piciformes
啄木鸟科　Picidae

特征　体长约 15 厘米。上体黑色，点缀着成排白斑；下体近白色，两侧有黑色纵纹。雄鸟前额近白色，头顶红色，枕黑色。雌鸟头顶白色。

　　　　虹膜——红褐色；嘴——黑色；脚——灰色。

习性　飞行时起伏大，常单独活动，以各种昆虫为食。营巢于树洞中。
环境　分布于低山丘陵和山脚平原阔叶林和混交林中。

04
—

灰头绿啄木鸟
Picus canus

鴷形目　Piciformes
啄木鸟科　Picidae

特征　体长约 30 厘米。头和下体整个都为灰色，上背和尾巴为橄榄绿色。头上眼睛前面和下脸颊有黑色细线，雄鸟的头顶是红色。

　　　　虹膜——红褐色；嘴——角质灰色，下嘴黄色；脚——黄绿色。

习性　多单独或成对活动；于林下啄食果实、昆虫、蚂蚁等；营巢于树洞中。
环境　栖息于阔叶林、针阔混交林和针叶林中，也见于林缘。

01

02

雄
03

雌

04

01

———

红隼
Falco tinnunculus

隼形目　Falconiformes
隼科　Falconidae

特征　体长约 35 厘米。雄鸟头灰色，上背红棕色有黑色小斑点，下体棕黄色有黑色纵纹。雌鸟类似但上背棕褐色有粗的黑褐色横斑，翅尖黑色。

　　　　虹膜——黑褐色；嘴——蓝灰色且尖端黑色；脚——明黄色。

习性　主要以小型啮齿类、鸟类和昆虫为食，常快速振翅悬停在空中寻找猎物。营巢于悬崖、山坡岩石缝隙、土洞、树洞等。

环境　多活动于林缘、草原、农田等开阔地带。

02

———

红脚隼
Falco amurensis

隼形目　Falconiformes
隼科　Falconidae

特征　体长约 30 厘米。雄鸟头及上体深烟灰色，下体浅灰色，下腹及臀羽栗红色。雌鸟上体深烟灰色而具鳞状横纹；头部灰色，脸颊、颏喉白色，具深灰色髭纹。上胸具黑色纵纹，下胸至腹部白色而具黑色矛状横斑，尾羽具黑色横斑。

　　　　虹膜——黑褐色；嘴——橘红色且尖端深色；脚——橘红色。

习性　行动敏捷；主要以昆虫和小型啮齿类为食；迁徙季节常集群。

环境　栖息于有树的开阔生境。

03

———

燕隼
Falco subbuteo

隼形目　Falconiformes
隼科　Falconidae

特征　体长约 32 厘米。雄鸟具白色眉纹，眼下具粗黑色髭纹，脸颊、颏喉及胸腹白色且具黑色纵纹；上体深灰黑色，下腹、腿及臀羽栗红色。雌鸟似雄鸟但偏褐色，下腹和尾下覆羽也具细黑色纵纹。

　　　　虹膜——黑褐色；嘴——蓝灰色且尖端黑色；脚——黄色。

习性　常单独或成对活动。多在空中捕食小型鸟类和昆虫；飞行敏捷。常常侵占乌鸦或喜鹊巢。

环境　栖息于有稀树和灌木的开阔生境，也见于林缘地带。

04

———

红尾伯劳
Lanius cristatus

雀形目　Passeriformes
伯劳科　Laniidae

特征　体长约 20 厘米。具黑色眼罩和细白色眉纹，头顶至枕灰色或红褐色。上背棕褐色，尾上覆羽红褐色，颏、喉至下体白色。雌鸟似雄鸟但颜色较暗淡，眼罩褐色。

　　　　虹膜——黑褐色；嘴——黑色；脚——铅灰色。

习性　活动于林地的中高层，觅食于开阔地带。鸣声粗犷。以昆虫为食。

环境　栖息于中低山地的疏林、林缘及灌丛中。

01

楔尾伯劳
Lanius sphenocercus

雀形目　Passeriformes
伯劳科　Laniidae

特征　体长约 31 厘米。喙强健，有钩和齿。上体灰色，黑色贯眼纹明显，两翼黑色并有白色粗横纹；中央 3 枚尾羽黑色，羽端有狭窄的白色，外侧尾羽白色。

　　　虹膜——褐色；嘴——灰色；脚——黑色。

习性　活动于开阔原野的突出树干、灌丛或电线上。捕食小型鸟类和兽类。性活泼，叫声粗犷。营巢于林缘疏林和有稀树树木生长的灌丛草地。

环境　栖息于农场或村庄附近。

02

松鸦
Garrulus glandarius

雀形目　Passeriformes
鸦科　Corvidae

特征　体长约 33 厘米。通体粉褐色，下颊纹黑色。两翼黑色具蓝色横纹和白色块斑，腰及尾下覆羽白色，尾羽黑色。

　　　虹膜——褐色；嘴——灰黑色；脚——肉棕色。

习性　多单独或集小群活动，常发出单调的叫声，活动于树冠层。杂食。营巢于河流附近的针叶林或针阔叶混交林中。

环境　栖息于有林地的生境，见于阔叶林、针叶林、针阔混交林等多种林相。

03

星鸦
Nucifraga caryocatactes

雀形目　Passeriformes
鸦科　Corvidae

特征　体长约 33 厘米。尾形短，嘴强直，看起来较壮实。体羽深褐色而密布白色点斑，翅带稍淡蓝灰或淡绿闪光，臀及尾角白色。

　　　虹膜——深褐；嘴——黑色；脚——黑色。

习性　单独或成对活动，偶成小群。以松子为食。营巢于林中。

环境　常栖息于亚高山针叶林与针阔叶混交林中。

04

灰喜鹊
Cyanopica cyanus

雀形目　Passeriformes
鸦科　Corvidae

特征　体长约 36 厘米。全身灰蓝色，具黑色头罩，头部仅额和喉白色。上背灰色，两翼天蓝色，尾天蓝色且呈楔形，中央尾羽末端白色，胸腹部及尾下覆羽白色。

　　　虹膜——黑褐色；嘴——黑色；脚——黑色。

习性　多成对或集小群活动，性嘈杂。营巢于高大乔木上。主要以昆虫为食。

环境　栖息于低山、平原的次生林及人工林中，也见于田野、村落和市区公园。

01

—

喜鹊
Pica pica

雀形目　Passeriformes
鸦科　Corvidae

特征　体长约 43 厘米。雌雄体羽相似，全身黑色而具蓝绿色光泽，肩部、下腹及两胁白色。
　　虹膜——黑褐色；嘴——黑色；脚——黑色。

习性　多成对或集小群活动，杂食性，营巢于高大乔木或建筑物。性机警。鸣声单调、响亮。

环境　见于原生林缘至城市大厦的多种环境，是适应力极强的鸦科鸟类。

02

—

小嘴乌鸦
Corvus corone

雀形目　Passeriformes
鸦科　Corvidae

特征　体长约 50 厘米。通体黑色而泛蓝色光泽，前额较平，喙峰较直。
　　虹膜——黑褐色；嘴——黑色；脚——黑色。

习性　杂食性，觅食见于城市和村落，非繁殖季入城夜栖。性机警。营巢于高大乔木顶端枝权上。

环境　栖息于低山、丘陵、平原以及河谷的疏林、林缘和田野。

03

—

大山雀
Parus major

雀形目　Passeriformes
山雀科　Paridae

特征　体长约 14 厘米。头部整体黑色，两颊具椭圆形白斑，翼上有一道醒目的白色条纹，胸部中央具一道黑色条带延伸而下，背部颜色多样，从灰色到橄榄绿色。
　　虹膜、喙、足均为黑色。

习性　性活泼，好奇性强；鸣声清脆悦耳；喜成对或小群活动。主要以昆虫为食。营巢地不挑剔。

环境　栖息于山区和平原的林间，分布海拔可达 3000 米。

04

—

沼泽山雀
Parus palustris

雀形目　Passeriformes
山雀科　Paridae

特征　体长约 11.5 厘米。头顶和颏均为黑色，上体偏褐色或橄榄色，下体近白色，两胁皮黄色。与褐头山雀相近，但常无浅色翼纹而有闪辉黑色顶冠。
　　虹膜——深褐；嘴——偏黑；脚——深灰。

习性　一般单独或成对活动。常在林冠活动，偶尔也到低矮的灌丛中觅食。主要以昆虫为食。营巢于天然树洞中。

环境　栖息于栎树林及其他落叶林、密丛、树篱、河边林地及村庄周边。

01
———

褐头山雀
Parus montanus

雀形目　Passeriformes
山雀科　Paridae

特征　体长约 11.5 厘米。头顶及颏褐黑，黑色顶冠较大而少光泽。上体褐灰，下体近白，两胁皮黄，无翼斑或项纹，一般具浅色翼纹。

　　虹膜——褐色；嘴——略黑；脚——深蓝灰。

习性　一般单独或成对活动。常在高大乔木的树冠活动，偶尔也到低矮的灌丛中觅食。主要以昆虫为食。营巢于天然树洞中。

环境　栖息于栎树林及其他落叶林、密丛、树篱、河边林地及村庄周边。

02
———

煤山雀
Parus ater

雀形目　Passeriformes
山雀科　Paridae

特征　体长约 11 厘米。头顶、颈侧、喉及上胸均为黑色，脸侧和颈背部有大块白斑，背灰色或橄榄灰色，翼上有两道白色翼斑。腹部白色。

　　虹膜——褐色；嘴——黑色，边缘灰色；脚——青灰。

习性　性较活泼而大胆。行动敏捷，主要以昆虫为食。营巢于天然树洞中。

环境　栖息于低山和山麓地带的次生阔叶林、阔叶林和针阔叶混交林中。

03
———

角百灵
Eremophila alpestris

雀形目　Passeriformes
百灵科　Alaudidae

特征　体长约 16 厘米。雄鸟脸上有黑色、白色（或黄色）图纹；顶冠前端有黑色条纹，并向后延伸成独具特色的小"角"；上体暗褐色；下体白色，具黑色胸带，两胁有褐色纵纹。雌鸟及幼鸟色暗且无"角"。

　　虹膜——褐色；嘴——灰色，上嘴色较深；脚——近黑。

习性　常作短距离低飞或奔跑，取食昆虫和草籽。善鸣叫。营巢于草丛中。

环境　栖息于干旱的山地、草地、灌丛或岩石上。

04
———

家燕
Hirundo rustica

雀形目　Passeriformes
燕科　Hirundinidae

特征　体长约 20 厘米。上体蓝紫色，前额和喉咙红色，胸前有蓝紫色胸带。下腹白色，尾巴较平，接近端部有一排白色斑点，最外侧的两根尾羽延长成线。

　　虹膜——黑褐色；嘴——黑色；脚——黑色。

习性　飞行迅速，善于在飞行中捕食昆虫。营巢于人类房舍内外墙壁、横梁上或屋檐下，是最常见也是最亲人的鸟类。

环境　栖息于田野、河流、湖泊、林缘、城镇、村庄等多种生境。

01

———

金腰燕
Cecropis daurica

雀形目　Passeriformes
燕科　Hirundinidae

特征　体长约 18 厘米。头顶、上背、翅膀和尾巴蓝紫色有辉光，颈部和头部橙黄色，腰部也为橙黄色。下体白色染橙而且有细黑色的纵纹，尾巴细长而且分叉较深。

　　　　虹膜——黑褐色；嘴——黑色；脚——黑色。

习性　喜欢筑巢于人工建筑，常和家燕混群在空中觅食昆虫。性极活跃。

环境　栖息于村落和城镇周围，也见于田野和荒地。

02

———

白腹毛脚燕
Delichon urbica

雀形目　Passeriformes
燕科　Hirundinidae

特征　体长约 13 厘米。尾叉形，跗跖及趾被白色绒羽。上体亮蓝色，腰白色；下体近白色。

　　　　虹膜——深褐；嘴——黑色；脚——粉红，被白色羽至趾。

习性　结群繁殖。营巢于悬崖及屋檐下。与其他种类燕及雨燕混群并一道取食。主要以昆虫为食。

环境　栖息于山地、田野、河流、湖泊、村庄等多种生境。

03

———

北长尾山雀
Aegithalos caudatus

雀形目　Passeriformes
长尾山雀科　Aegithalidae

特征　体长约 16 厘米。嘴黑色而细小，尾极长。头和下体几乎全白色，背黑色，下背杂以葡萄红色；飞羽褐色，外侧初级飞羽基部羽缘黑色；尾黑色而带白边。幼鸟头侧黑色。

　　　　虹膜——深褐；嘴——黑色；脚——深褐色。

习性　常成对或集小群活动，有时也和其他小鸟混群，性喧闹而不惧人。主要以昆虫为食。通常营巢于背风林内。

环境　栖息于山地针叶林或针阔叶混交林。

04

———

褐柳莺
Phylloscopus fuscatus

雀形目　Passeriformes
柳莺科　Phylloscopidae

特征　体长约 13 厘米。头、上体及尾深棕褐色。脸颊污白色具黑色贯眼纹，眉纹污白色，后段皮黄色。喉白色，下体污黄色。

　　　　虹膜——黑褐色；嘴——角质黑色，下嘴较浅；脚——黄褐色。

习性　单独或成对活动；食虫性；喜跳跃，边跳边发出 "te-te" 的叫声。

环境　栖息于近水的林缘和灌木丛，也见于农田、果园、城市绿地。

01
—

黄腰柳莺
Phylloscopus proregulus

雀形目　Passeriformes
柳莺科　Phylloscopidae

特征　体长约9厘米。头、上体至尾橄榄绿色，具黄色顶冠纹，眉纹前段明黄色，具绿褐色贯眼纹。两翼具两道翼斑，腰部鲜黄色，下体污白色。
　　　　虹膜——黑褐色；嘴——黑色，下嘴基浅色；脚——粉褐色。

习性　性活泼；常单独或集小群活动；在树冠层捕食昆虫。营巢于针叶树的侧枝上。

环境　栖息于山地丘陵的针阔混交林、针叶林，也见于平原林地。

02
—

极北柳莺
Phylloscopus borealis

雀形目　Passeriformes
柳莺科　Phylloscopidae

特征　体长约12厘米。上体灰绿色，两翼橄榄绿色具两道白色翼斑，下体白色。
　　　　虹膜——黑褐色；嘴——角质褐色，下嘴黄色；脚——粉色。

习性　多单独或成对活动。食虫性，觅食于树冠层。性活泼。营巢于地面及树桩。

环境　栖息于针叶林、针阔混交林及林缘，迁徙时也见于果园及城市。

03
—

双斑绿柳莺
Phylloscopus plumbeitarsus

雀形目　Passeriformes
柳莺科　Phylloscopidae

特征　体长约12厘米。上体颜色偏深且绿色较重，无顶纹，具明显的白色长眉纹；翅上有黄白色翼斑2道，大翼斑宽且较明显；下体白色。
　　　　虹膜——褐色；嘴——上嘴色深，下嘴粉红；脚——蓝灰。

习性　食虫性；单独或成对活动；性活跃。营巢于林中溪边或岩石缝中。

环境　栖息于针落叶混交林、白桦及白杨树丛等生境。

04
—

苍眉蝗莺
Locustella fasciolata

雀形目　Passeriformes
蝗莺科　Locustellidae

特征　体长约15厘米。嘴大。上体橄榄褐色，脸颊灰暗，眼纹色深而眉纹白色；下体白色，胸及两胁有棕黄色或灰色条带，羽缘微近白色，尾下覆羽皮黄色。幼鸟下体偏黄，喉有纵纹。
　　　　虹膜——褐色；嘴——上嘴黑，下嘴粉红；脚——粉褐。

习性　食虫性，林下植被中潜行。营巢于距水域不远的茂密灌丛和草丛中。

环境　栖息于林地、棘丛、丘陵草地及灌丛。

01
——

黑眉苇莺
Acrocephalus
bistrigiceps

雀形目　Passeriformes
苇莺科　Acrocephalidae

特征　体长约 13 厘米。上体橄榄棕褐色，眉纹淡黄色，上下具清晰黑色眉上纹和过眼纹；下体偏白色。
　　　　虹膜——黑褐色；嘴——上嘴角质黑色，下嘴粉色；脚——角质灰色。
习性　食虫性。多单独或成对活动，喜欢落在树枝或芦苇的中上层。性机警。营巢于小柳树灌丛和草丛的基部。
环境　栖息于近水的高疏林、灌丛、沼泽、草丛、苇丛和稻田生境。

02
——

厚嘴苇莺
Iduna aedon

雀形目　Passeriformes
苇莺科　Acrocephalidae

特征　体长约 20 厘米。头、上体及尾棕褐色，具浅色眼圈，无眉纹，喉白色，下体污白色，两胁染皮黄色。
　　　　虹膜——黑褐色；嘴——短促，上嘴角质灰色，下嘴粉色；脚——黑褐色。
习性　食虫性。多单独活动，在灌丛间飞行迅速且隐蔽，喜栖于灌木顶端。营巢于河谷两岸较为平坦且散生有老龄树木的草地灌丛中。
环境　栖息于低海拔的林缘、疏林、灌丛、草丛和芦苇沼泽生境。

03
——

鹪鹩
Troglodytes troglodytes

雀形目　Passeriformes
鹪鹩科　Troglodytidae

特征　体长约 10 厘米。嘴细，尾短，常上翘。通体深黄褐色，具狭窄的黑色细横斑，其中翅和尾羽的横斑较明显。眉纹皮黄色，不甚清晰。
　　　　虹膜——褐色；嘴——褐色；脚——褐色。
习性　性活泼，尾不停地轻弹而上翘；飞行低，仅振翅作短距离飞行；主要以昆虫为食。营巢于河流岸边的树根、岩石缝隙和树洞中。
环境　栖息于灌丛中。

04
——

普通鸦
Sitta europaea

雀形目　Passeriformes
鸦科　Sittidae

特征　体长约 13 厘米。嘴细长而直。上体蓝灰色，具明显的黑色过眼纹，沿头侧伸向颈侧；不同亚种下体羽色不同，从整个下体白色，到颏至胸白色而下腹土黄褐色，至整个下体皮黄色。
　　　　虹膜——深褐；嘴——黑色，下颚基部带粉色；脚——深灰。
习性　成对或结小群活动；在树干的缝隙及树洞中啄食橡籽及坚果；飞行起伏呈波状；性活泼。营巢于溪流岸边或混交林内。
环境　栖息于针叶林、针阔混交林、阔叶林及村落附近的树丛中。

01
——

旋木雀
Certhia familiaris

雀形目　Passeriformes
旋木雀科　Certhiidae

特征　体长约 13 厘米。喙细且稍下弯。上体褐色斑驳，眉纹和喉部色浅，尾上覆羽棕色，尾淡褐色；下体白色或皮黄色，仅两胁略沾棕色。

　　　虹膜——褐色；嘴——上颚褐色，下颚色浅；脚——偏褐。

习性　常单独活动或与其他鸟类混群。擅长运用利爪和坚硬的尾羽支撑身体在树干上垂直攀爬。主要以昆虫为食。

环境　栖息于山林间、针阔混交林及阔叶林和针叶林内。

02
——

斑鸫
Turdus eunomus

雀形目　Passeriformes
鸫科　Turdidae

特征　体长约 24 厘米。上体橄榄褐色，具粗白色眉纹，颏、喉白色，颈侧至上胸具黑色斑点，两翼红褐色而飞羽黑褐色。下体白色，密布黑色鳞状斑，腹白色，尾羽黑褐色。

　　　虹膜——黑褐色；嘴——角质褐色；脚——角质褐色至粉褐色。

习性　常单独或集小群活动。性大胆。主要以昆虫为食。

环境　栖息于针叶林、落叶林的林缘和灌丛、草地等生境。

03
——

红尾鸫
Turdus naumanni

雀形目　Passeriformes
鸫科　Turdidae

特征　体长约 14 厘米。体背颜色以棕褐为主，带有锈色。下体白色，在胸部有红棕色斑纹围成一圈。喉部常具有黑色点斑，眼上有清晰的白色眉纹。起飞时，尾羽展开时棕红色。

　　　虹膜——黑褐色；嘴——褐色；脚——粉褐色至角质褐色。

习性　地栖性，食物以昆虫为主。营巢于不太高的树杈上。

环境　栖息于疏林、林缘、沼泽，迁徙季节见于阴湿的林下或茂密的苇丛。

04
——

虎斑地鸫
Zoothera dauma

雀形目　Passeriformes
鸫科　Turdidae

特征　体长约 28 厘米，是体型最大的鸫类。上体褐色，下体白色，各羽具黑色及金皮黄色羽缘，形成通体粗大的鳞状斑纹。

　　　虹膜——褐色；嘴——深褐；脚——带粉色。

习性　喜在灌丛下和树林内的地面上取食。单独或成对活动。性胆怯。主要以昆虫和无脊椎动物为食。营巢于溪流两岸的混交林或阔叶林内。

环境　栖息于针叶林、阔叶林或混交林中。

01
—

红喉歌鸲
Luscinia calliope

雀形目　Passeriformes
鹟科　Muscicapidae

特征　体长约 16 厘米。雄鸟上体褐色，具醒目的白色眉纹和颊纹，尾褐色；喉红色，胸带褐色，腹部皮黄白色，两胁皮黄色。雌鸟似雄鸟，但喉部红色区域小而不明显，头部眉纹和颊纹亦不如雄鸟醒目。

　　虹膜——褐色；嘴——深褐；脚——粉褐。

习性　地栖性，无论植被的覆盖程度如何。性机警。主要以昆虫为食。

环境　栖息于森林密丛及次生植被丛中的近溪流处，也活动于村庄附近。

02
—

北红尾鸲
Phoenicurus auroreus

雀形目　Passeriformes
鹟科　Muscicapidae

特征　体长约 15 厘米。雄鸟顶冠和后枕银灰色，脸、颏喉、上胸、上背和两翼黑褐色，有明显的白色三角形翼斑，其余部橘红色，尾羽栗红色而中央尾羽黑褐色。雌鸟整体浅棕褐色，下体染栗，翼斑和尾羽特征同雄鸟。

　　虹膜——黑色；嘴——角质黑色；脚——灰黑色。

习性　性好奇。食虫性，停栖时尾常上下颤动且伴随着点头。主要以昆虫为食。营巢于人工建筑、树洞、树根下等。

环境　栖息于山地的森林、河谷及林缘，也见于村庄周边的疏林、灌丛等。

03
—

红胁蓝尾鸲
Tarsiger cyanurus

雀形目　Passeriformes
鹟科　Muscicapidae

特征　体长约 14 厘米。雄鸟头、上体和尾上覆天蓝色羽，头具细白色眉纹，颏至尾下覆羽白色，胸部和两胁染灰色，两胁橘红色。雌鸟头和上体浅橄榄褐色，喉白色，两胁橙黄色，腹灰白色，腰部和尾蓝色。

　　虹膜——黑色；嘴——黑色；脚——黑色。

习性　多单独或成对活动。地栖性，隐匿而不甚惧人。主要以昆虫为食。营巢于高出地面的土坎、突出的树根和土崖上的洞穴中。

环境　栖息于山地针叶林及针阔混交林。

04
—

黑喉石䳭
Saxicola torquata

雀形目　Passeriformes
鹟科　Muscicapidae

特征　体长约 14 厘米。雄鸟背深褐色，头部及飞羽黑色，颈及翼上有大白斑，腰白色；胸棕色，其余下体近白色。雌鸟整体羽色较暗，无黑色，翼上有白斑，下体皮黄色。

　　虹膜——深褐；嘴——黑色；脚——近黑。

习性　主要以昆虫为食，栖于突出的低树枝捕食。鸣声尖细。营巢于土坎。

环境　喜开阔的栖息生境，如农田、湿地及次生灌丛等。

雄

雌

01

雄

雌

02

雄

雌

03

雄

雌

04

01

——

红喉姬鹟
Ficedula parva

雀形目　Passeriformes
鹟科　Muscicapidae

特征　体长约 13 厘米。上体褐色，具狭窄白色眼圈；尾羽黑褐色，基部外侧白色明显；下体灰色，繁殖期雄鸟喉红色，雌鸟及非繁殖期雄鸟喉近白色。

　　　　虹膜——深褐；嘴——黑色；脚——近黑。

习性　常单独或成对活动，偶尔也成小群。性活泼而胆怯，从树枝上飞到空中捕食飞行性昆虫。营巢于森林中沿河一带的老龄树洞或啄木鸟啄出的树洞中。

环境　栖息于山脚平原地带的阔叶林、针阔混交林和针叶林中及林缘及河流两岸的较小树上。

02

——

麻雀
Passer montanus

雀形目　Passeriformes
麻雀科　Passeridae

特征　体长约 14 厘米。上体近褐色，有深色纵纹；脸颊白色而具显著的黑斑，颈背有完整的灰白领环；下体皮黄灰色，颏黑色。幼鸟嘴基黄色。

　　　　虹膜——深褐色；嘴——黑色；脚——粉褐色。

习性　杂食性，有时结群取食农作物，在孔洞中筑巢。性喜成群。性大胆。

环境　喜近人栖居。常活动于疏林、村庄及农田，且能很好地适应城市绿地。

03

——

白鹡鸰
Motacilla alba

雀形目　Passeriformes
鹡鸰科　Motacillidae

特征　体长约 20 厘米。上体灰色或黑色，两翼及尾黑白相间，头及背部羽色和纹样随亚种而有别；下体白色。雌鸟近雄鸟，但色暗。亚成鸟偏灰色。

　　　　虹膜——褐色；嘴——黑色；脚——黑色。

习性　常成对或小群活动。波浪式飞行，尾巴常上下摆动，鸣声清脆。地栖性，主要以昆虫为食。

环境　栖息于河湖、水塘、农田、沼泽等近水地区。

04

——

灰鹡鸰
Motacilla cinerea

雀形目　Passeriformes
鹡鸰科　Motacillidae

特征　体长约 19 厘米。尾长。上背灰色，飞行时白色翼斑明显，腰黄绿色，下体黄色。亚成鸟下体偏白。

　　　　虹膜——褐色；嘴——黑褐；脚——粉灰。

习性　常单独或成对活动；飞行时呈波浪式前进；主要以昆虫为食。营巢于土坑、水坝、石头缝隙等。

环境　栖息于近水的开阔地带、稻田、溪流边及道路上。

01
—

树鹨
Anthus hodgsoni

雀形目　Passeriformes
鹡鸰科　Motacillidae

特征　体长约 15 厘米，林栖型。眉纹白而粗长，耳附近有黄白色的羽斑。上体橄榄绿色，纵纹较少。喉及两胁皮黄，胸及两胁黑色纵纹浓密。繁殖季节前额至眼先和脸颊前部染黄色。

　　　　虹膜——褐色；嘴——上嘴角质色，下嘴偏粉色；脚——粉色。

习性　林栖性，常结小群或独行。性机警。杂食性。营巢于林缘、林间路边或林中空地的灌丛中。

环境　夏季常见于开阔林区，高可至海拔 4 000 米。迁徙季节见于各种林地。

02
—

棕眉山岩鹨
Prunella montanella

雀形目　Passeriformes
岩鹨科　Prunellidae

特征　体长约 15 厘米。头部具黑色顶冠纹，眉纹、喉和上胸皮黄色。上体棕褐色具深栗褐色纵纹，具两道白色翼斑，下体白色具栗色纵纹。

　　　　虹膜——红褐色；嘴——角质黑色；脚——粉褐色。

习性　杂食性。多成对或集小群活动，觅食于地面。奔跑迅速，善藏匿。

环境　栖息于北方阔叶林或针阔混交林的林下灌丛和草丛，也见于城市绿地。

03
—

燕雀
Fringilla montifringilla

雀形目　Passeriformes
燕雀科　Fringillidae

特征　体长约 16 厘米。雄鸟头、颈背和上背黑色，胸和翼肩红棕色，两翼黑色具白色和红棕色翼斑，尾黑色，下腹纯白色。雌鸟相似，但红棕色较浅，且头和上体为灰褐色。

　　　　虹膜——褐色；嘴——黄色尖端黑色；脚——粉褐色。

习性　常集小群活动。觅食于地面和矮树，取食草籽和种子。

环境　栖息于阔叶林、混交林和针叶林的林缘和林间空地，也见于城市园林。

04
—

金翅雀
Chloris sinica

雀形目　Passeriformes
燕雀科　Fringillidae

特征　体长约 13 厘米。头灰色，上背橄榄褐色，下腹黄褐色，两翼黑色具金黄色翼斑。脸颊和喉橄榄黄色，嘴粗厚为粉色。

　　　　虹膜——褐色；嘴——粉色；脚——粉褐色。

习性　多集群活动。主要以种子、草籽和农作物为食，多觅食于地面和矮树。鸣声尖锐。营巢于针叶树幼树树杈上和杨树等阔叶树和竹丛中。

环境　栖息于中低海拔的平原、丘陵，多见于荒地、灌丛、农田、疏林等生境。

雄

雌

01

02

03

04

01

白翅交嘴雀
Loxia leucoptera

雀形目　Passeriformes
燕雀科　Fringillidae

特征　体长约 15 厘米。上下喙先端侧交，头较拱圆。繁殖期雄鸟暗玫瑰绯红色，颜色较艳，具两道明显的白色翼斑。雌鸟图纹似雄鸟，但通体暗橄榄黄色，且腰黄色。

　　　　虹膜——深褐；嘴——黑色，边缘偏粉；脚——近黑。

习性　飞行迅速而带起伏。倒悬进食，用交嘴拨开球果。性较温顺。

环境　栖息于温带针叶林及针阔混交林中。

02

红交嘴雀
Loxia curvirostra

雀形目　Passeriformes
燕雀科　Fringillidae

特征　体长约 16.5 厘米。嘴相侧交。繁殖期雄鸟砖红色，雌鸟似雄鸟但为暗橄榄绿色。幼鸟似雌鸟而具纵纹。无明显的白色翼斑。

　　　　虹膜——深褐；嘴——近黑；脚——近黑。

习性　结群，飞行迅速而带起伏。倒悬进食，主要以针叶树种子为食。营巢于有球果的高大松树侧枝上。

环境　栖息于山地针叶林及针阔混交林中。

03

锡嘴雀
Coccothraustes coccothraustes

雀形目　Passeriformes
燕雀科　Fringillidae

特征　体长约 17 厘米。嘴甚大而尾较短，体形圆滚。通体偏褐色，具狭窄的黑色眼罩和明显的白色宽肩斑，两翼有蓝黑色闪光，上有清晰的黑白纹。雄雌几乎同色，但雌鸟两翼灰色较重。

　　　　虹膜——褐色；嘴——角质色至近黑；脚——粉褐。

习性　性大胆，喜聚群。以植物种子为食。营巢于阔叶树枝叶茂密的侧枝上。

环境　栖息于林间及村庄周边开阔的草塘、湿地、灌木地带。

04

黄雀
Carduelis spinus

雀形目　Passeriformes
燕雀科　Fringillidae

特征　体长约 11.5 厘米。嘴短尖。雄鸟顶冠黑色，颏黑色，头侧、腰及尾基部亮黄色，翼上有明显的黑及黄色条纹。雌鸟似雄鸟，但羽色偏暗而纵纹较多，顶冠和颏无黑色。

　　　　虹膜——深褐；嘴——偏粉色；脚——近黑。

习性　喜聚群，以果实、种子及嫩芽为食。性活泼。叫声清脆响亮。

环境　栖息于山林、丘陵和平原的针阔混交林和针叶林中。

雄

雌

01

02

03

雄

雌

04

01
——
长尾雀
Carpodacus sibiricus

雀形目　Passeriformes
燕雀科　Fringillidae

特征　体长约 17 厘米。嘴非常粗厚，尾较长。繁殖期雄鸟的脸、胸及腰均粉红色；颈背及额苍白，两翼白色较多；上背褐色，有近黑色而边缘粉红的纵纹；非繁殖期色彩较淡。雌鸟有灰色纵纹，腰及胸棕色。

　　　虹膜——褐色；嘴——浅黄；脚——灰褐。

习性　成鸟常单独或成对活动，幼鸟结群。多觅食于地面和矮树。性活泼。

环境　栖息于低矮的灌丛、阔叶林和针阔混交林以及沿溪的蒿草丛和次生林。

02
——
红腹灰雀
Pyrrhula pyrrhula

雀形目　Passeriformes
燕雀科　Fringillidae

特征　体长约 14.5 厘米。厚嘴略有钩。雄鸟顶冠及眼罩辉黑色，上背灰色，腰白色，具醒目的近白色翼斑；下体粉色，臀白色。雌鸟图纹与雄鸟相近，但黑色部分呈褐色。幼鸟类雌鸟，但无黑色的顶冠及眼罩，且翼斑皮黄色。

　　　虹膜——褐色；嘴——黑色；脚——黑褐。

习性　冬季通常结小群活动。性较安静。以树木种子和草籽等植物性食物为食。营巢于杉木、松树等针叶树侧枝末端茂密的枝杈处。

环境　栖息于亚高山林带的林间空地、灌丛及溪流旁。

03
——
白腰朱顶雀
Acanthis flammea

雀形目　Passeriformes
燕雀科　Fringillidae

特征　体长约 14 厘米。头顶有红色点斑。繁殖期雄鸟身上多褐色纵纹，胸部的粉红色上延至脸侧。腰浅灰而沾褐并具黑色纵纹。雌鸟似雄鸟但胸无粉红。非繁殖期雄鸟似雌鸟但胸具粉红色鳞斑，尾叉形。

　　　虹膜——深褐；嘴——黄色；脚——黑色。

习性　快速地冲跃式飞行。冬季群栖，多在地面取食。性大胆。主要以草籽等植物性食物为食。营巢于树木低枝上或灌丛中。

环境　栖息于荒山、灌木、林缘和田间。

04
——
北朱雀
Carpodacus roseus

雀形目　Passeriformes
燕雀科　Fringillidae

特征　体长约 16 厘米。体形矮胖，尾较长。雄鸟头、下背、胸、腹绯红色，额及颏霜白色；上体及覆羽深褐色，有两道浅色翼斑。雌鸟羽色偏暗，少红色，上体具褐色纵纹，额及腰粉色；下体皮黄色而具纵纹，胸沾粉色，臀白色。

　　　虹膜——褐色；嘴——近灰；脚——褐色。

习性　喜集群。啄食各种果实、种子、幼芽及谷物。性机警，善藏匿。

环境　栖息于针叶林但越冬在雪松林及有灌丛覆盖的山坡。

雄
雌
01

雄
雌
02

03

雄
雌
04

01

—

黄喉鹀
Emberiza elegans

雀形目　Passeriformes
鹀科　Emberizidae

特征　体长约 15 厘米。上背浅棕褐色具黑褐色纵纹，下腹白色。雄鸟具鲜黄色眉纹和喉部，脸罩和胸部黑褐色。雌鸟浅褐色，黄色部分较浅。

　　　　虹膜——黑褐色；嘴——角质黑色；脚——粉色。

习性　多单独或成对活动，冬季集成小群。以昆虫为食，常觅食于地面和矮树。

环境　栖息于平原、丘陵和低山的疏林、灌丛和林缘，也见于农耕区周围。

02

—

黄胸鹀
Emberiza aureola

雀形目　Passeriformes
鹀科　Emberizidae

特征　体长约 15 厘米。繁殖期雄鸟具黄色的领及胸腹部，栗色的胸带穿插其中，脸及喉部黑色，颈背栗色，翼角白色横纹显著；非繁殖期色彩较淡。雌鸟喉、胸、腹浅黄色，顶背及翼斑驳浅褐色。

　　　　虹膜——深栗褐；嘴——上嘴灰色，下嘴粉褐；脚——淡褐。

习性　常集群活动。主要以植物种子为食。5~7 月繁殖，在草灌丛间筑巢。

环境　栖息于平原灌丛、苇丛、农田等低矮环境中。

03

—

三道眉草鹀
Meadow Bunting

雀形目　Passeriformes
鹀科　Emberizidae

特征　体长约 16 厘米。头部具黑白纹，有显著的白色眉纹，胸部有栗色条带。繁殖期雄鸟体色较深；而非繁殖期雄鸟及雌鸟体色较淡。

　　　　虹膜——深褐；嘴——双色，上嘴色深，下嘴蓝灰而嘴端色深；脚——粉褐。

习性　多集群活动。夏季主食昆虫，冬季主要采食植物种子。4 月开始繁殖。

环境　栖息活动于开阔环境中，如草丛、矮灌木、玉米秆上等。

04

—

苇鹀
Emberiza pallasi

雀形目　Passeriformes
鹀科　Emberizidae

特征　体长约 14 厘米。繁殖期雄鸟下髭纹白色，与黑色的头及喉形成鲜明对比；颈圈白色，下体灰色，上体有黑色及灰色的横向斑纹。雌鸟、非繁殖期雄鸟及幼鸟均为浅沙黄色，且头顶、上背、胸及两胁有深色纵纹。

　　　　虹膜——深栗；嘴——灰黑；脚——粉褐。

习性　性活泼，胆大。主要取食植物种子。营巢于地上草丛中或灌木低枝上。

环境　栖息于林间沼泽地和沿溪的芦苇中。

雄

雌

01

雄

雌

02

03

04

01

—

灰头鹀
Emberiza spodocephala

雀形目　Passeriformes
鹀科　Emberizidae

特征　体长约 14 厘米。繁殖期雄鸟的头、喉及颈背灰色，眼先及颏黑色；上体余部深栗色，并带有黑色纵纹；下体浅黄色或近白色，尾带有白缘。雌鸟及非繁殖期雄鸟头部为橄榄色，过眼纹及耳覆羽下的月牙形斑纹呈黄色。

虹膜——深栗褐；嘴——上嘴近黑具浅色边缘，下嘴偏粉且嘴端深色；脚——粉褐。

习性　性胆大，结小群。秋冬季主要取食植物种子，夏季取食以昆虫为主。

环境　栖息于山区的河谷溪流、平原灌丛、较稀疏的林地及村旁的耕地等。

02

—

田鹀
Emberiza rustica

雀形目　Passeriformes
鹀科　Emberizidae

特征　体长约 14.5 厘米。色彩明快，繁殖期雄鸟略具羽冠，头部有黑白条纹，颈背、胸带、两胁有棕色的纵纹，腰棕色，腹部白色。雌鸟及非繁殖期雄鸟的白色部位偏暗，脸颊染皮黄色，其后方一般有一近白色点斑。

虹膜——深栗褐；嘴——深灰，基部粉灰；脚——偏粉色。

习性　性胆大。停息时常竖起头上羽毛。取食草籽和谷物。营巢枯草丛中。

环境　栖息于林间沼泽、湿地周边的灌丛及矮树中。

03

—

小鹀
Emberiza pusilla

雀形目　Passeriformes
鹀科　Emberizidae

特征　体长约 13 厘米。雄雌颜色相同，头部有条纹。繁殖期成鸟头部条纹为栗色和黑色，眼圈颜色较浅；上体褐色，上具深色纵纹，腰灰色；下体偏白，胸及两胁有黑色纵纹。

虹膜——深红褐；嘴——灰色；脚——红褐。

习性　飞翔时尾羽有规律地散开和收拢，频频地露出外侧白色尾羽。主要以种子、果实等植物性食物为食。鸣声响亮。营巢于地上草丛或灌丛中。

环境　栖息地广泛，从平原到高山，从小乔木、灌木丛到村边、稻田等。

04

—

黄眉鹀
Emberiza chrysophrys

雀形目　Passeriformes
鹀科　Emberizidae

特征　体长约 15 厘米。头黑色，具白色顶冠纹、黄色眉纹和白色颚纹。上体棕褐色，密布深色纵纹，具 2 道白色翼斑；下体近白色，具深褐色纵纹。眉纹前半部呈黄色，下体和翼斑较白，下体多纵纹，腰部斑驳且尾部颜色偏重。

虹膜——深褐；嘴——粉色，嘴峰及下嘴端灰色；脚——粉红。

习性　主要以种子、果实等植物性食物为食。性胆怯，善藏匿。营巢于树上。

环境　栖息于林缘的次生灌丛和有稀疏矮丛及棘丛的开阔地带。

成鸟　亚成鸟

雄　雌

01

02

03　04

兽

在兽类地理区划上，黑龙江胜山自然保护区属古北界东北区的大兴安岭亚区。经多次调查和历史资料记载，胜山自然保护区共有兽类6目、16科、48种，占黑龙江省兽类总种数的55.2%。在本次生物多样性调查中，共调查到兽类6种，分属于3目、4科、5属。

这6种兽类中，松鼠（*Sciurus vulgaris*）和西伯利亚狍等2种属于国家保护的有益或者有科学研究价值的野生动物。

西伯利亚狍，原普通狍中独立成种，广泛分布于我国西北、东北及内蒙古等地并延伸到俄罗斯和朝鲜。西伯利亚狍广泛栖息在缓坡稀疏的树林中，本是东北地区最常见的野生动物之一，性情温顺，好奇心强。但过度狩猎，使其野外种群迅速衰退。

东北鼠兔的北方亚种，有研究已将其提升为独立的满洲里鼠兔。只分布在俄罗斯阿穆尔州以南，中国黑龙江和内蒙古交界的大、小兴安岭中。此次调查可能是对该物种的第一次野外影像记录。

兽类摄影（按图片数量排序）：郭亮 保护区红外相机 曹宏颖

01
—

松鼠
Sciurus vulgaris

啮齿目　Rodentia
松鼠科　Sciuridae

特征　别名北松鼠，我国北方常见的日行性树栖动物。体型中等，尾长而大，尾毛蓬松。冬季皮毛背部灰色或棕色，耳尖有竖直的黑褐色长簇毛；夏季皮毛背部黑或棕黑色，耳无毛簇；冬夏季腹部均为白色。

习性　不冬眠，营巢于树洞或大树权基部。树栖，白天活动，善于攀爬；杂食性，以种子等植物性食物为主，常将食物储藏在树洞或分散埋藏在浅穴或枯枝下。

环境　主要栖息在针叶林或针阔混交林内，亦可见于城市园林。

02
—

长尾黄鼠
Spermophilus undulatus

啮齿目　Rodentia
松鼠科　Sciuridae

特征　体形较大，体长约是尾长的 2 倍，是黄鼠属中体型最大、尾最长者。前足掌裸露，有 2 个掌垫、8 个指垫；后足较长，足底被毛，有 4 个趾垫，爪黑褐色且较长。耳壳短，不甚明显。夏毛黄褐色，间有黑毛，在背部形成斑点样条纹，尤其是臀部，冬毛比夏毛颜色浅。

习性　昼行性，密集群居。挖相对简单的洞穴，一般有 2 个入口，洞穴通常长 2 米，巢内垫以草。冬季冬眠，在春季产仔。主要取食禾草。

环境　栖息于高山地带和较为湿润的山前丘陵、林缘及河谷地带。

03
—

花鼠
Tamias sibiricus

啮齿目　Rodentia
松鼠科　Sciuridae

特征　棕褐色，体型较松鼠小。耳壳黑褐色，有白边。头部至背部黑黄褐色，具 5 条黑色纵纹，俗称"五道眉花鼠"。臀部橘黄或土黄色。尾上部黑褐色，下部橙黄色。

习性　多在地下掘洞栖息。杂食性，以种子为主，有贮粮习性。白天主要在地面活动多，晨昏之际最活跃，善爬树，但树上活动少。

环境　生境广泛，针叶林、阔叶林、针阔混交林以及灌木丛较密的地区等。

04
—

满洲里鼠兔
Ochotona mantchurica

兔形目　Lagomorpha
鼠兔科　Ochotonidae

特征　体型短粗，四肢短小，后肢比前肢稍长。耳郭近圆形，有明显的白边，前部覆有棕黄色毛。前足 5 趾，后足 4 趾，足面密被棕红色毛，爪锐利且较明显。无外露于毛被外的尾。

习性　昼行性，密集群居。在卵石间筑洞，行动机警，有贮草习性，不冬眠。以植物性食物为食，主要吃嫩枝叶、苔藓、浆果等。

环境　栖息于有裸露岩石的山地碎石坡中。

01

02

03

04

01

—

西伯利亚狍
Capreolus pygargus

偶蹄目　Artiodactyla
鹿科　Cervidae

特征　体长 0.95~1.35 米，肩高 0.67~0.78 米，尾长 2~3 厘米，体重 15~30 千克，体型适中。雄性有角，短而直。眼大，耳短宽而圆，内外均被毛。四肢较长，后肢略长，蹄狭长，尾短，隐于体毛内。

习性　草食动物，性情温顺，好奇心强。

环境　栖息于阔叶林、针阔叶混交林及林缘地带。

02

—

马鹿
Cervus elaphus

偶蹄目　Artiodactyla
鹿科　Cervidae

特征　体长 1.65~2.65 米，体型较大，仅次于驼鹿。体色深褐，背部及两侧有白色斑点。鼻骨长，臀斑大而显著，淡橙黄色。雄性有角，多 6 叉，最多 8 叉。国家二级保护动物。

习性　善奔跑、游泳。喜群居，多白天尤其是黎明活动。草食动物，主食草、树叶、枝、果实等，喜舔食盐碱地。9~10 月交配。

环境　多栖息于高山森林及草原地区的灌丛及草地。

03

—

美洲驼鹿
Alces americanus

偶蹄目　Artiodactyla
鹿科　Cervidae

特征　体长 2.4~3.1 米，为鹿科中体型最大的。成年雄性有巨大、分叉而向上的掌状角，鼻大而略下垂，体色较红，颈部流苏（垂皮突出）。国家二级保护动物。

习性　草食动物，食大量树枝、枝叶等，喜舔食盐碱地。9 月发情，翌年 5~7 月产仔。

环境　栖息于北方针叶林及针阔混交林中。中国仅出现于大、小兴安岭，常见于北美与西伯利亚。

04

—

野猪
Sus scrofa

偶蹄目　Artiodactyla
猪科　Suidae

特征　体长 0.9~1.8 米，体型矮胖。体表密被褐色或近黑色粗毛。雄性有显著的獠牙，且从头顶到颈后有一条毛脊。

习性　常集小群在黄昏、夜晚活动。杂食性，进食时用鼻子翻挪土壤。善游泳，春天产仔。

环境　栖息地类型广泛，有森林、灌丛、草地、沼泽、农田等。

01
—

赤狐
Vulpes vulpes

食肉目　Carnivora
犬科　Canidae

特征　体型纤长。耳大而尖，直立；额骨前部平缓，中间有一狭沟；吻长而尖，鼻骨细长。四肢较短，尾较长，比体长的一半稍长。尾粗大，覆有蓬松的长毛，躯体覆有长针毛，冬毛底绒较厚。耳背上半部黑色，与头部毛色差别明显，尾梢白色。足掌长有浓密的短毛。具尾腺，能施放奇特臭味。

习性　杂食者，主食鼠类、兔类，也食鸟蛋、小型两爬类及野果或浆果。夜行性，行动敏捷。喜欢单独活动。

环境　栖息环境广泛，常见于森林、高山、丘陵、平原及村庄附近、城郊等。

02
—

棕熊
Ursus arctos

食肉目　Carnivora
熊科　Ursidae

特征　体长 1.15~1.19 米，体重达 125~225 千克，是世界上最大的陆栖食肉动物。头肩部大，脸圆盘状，吻部长。依栖息地差异，颜色和体型存在较大变异。耳小，向两侧突出。国家二级保护动物。

习性　一般独居，晨昏活动，奔跑速度快。主要以禾草、根茎、果实等植物性食物为食，也食昆虫、啮齿类、有蹄类、鱼类等。夏季交配，有冬眠习性。

环境　栖息环境广泛，包括密林、亚高山山地及苔原等。

03
—

黄鼬
Mustela sibirica

食肉目　Carnivora
鼬科　Mustelinae

特征　俗名黄鼠狼。体长 0.22~0.42 米，尾较长，近体长一半。全身棕黄色，尾尖颜色较深，上唇白色，面部暗黑色。冬季尾毛蓬松，四肢较短，趾间有很小的皮膜。肛门腺发达。

习性　常独行，夜行性，尤其是晨昏活动频繁。善奔走、游泳。主要以啮齿类等小型兽类为食，也食家禽、两栖、鸟类、植物等。3~4 月交配，5~6 月产仔。

环境　栖息地类型多样，包括森林、草原、河谷、村庄、农田等。

04
—

紫貂
Martes zibellina

食肉目　Carnivora
鼬科　Mustelinae

特征　体长 0.34~0.46 米，尾长近体长的 1/3。躯体细长，四肢短健，耳略呈三角形，尾毛蓬松。全身淡褐色至棕黑色，冬毛厚而柔软。国家一级保护动物。

习性　除交配期多独居，地栖性，但灵巧善爬树，昼夜均可捕食。主要以啮齿类为食，冬季则多食坚果及浆果。6~8 月交配，翌年 4~5 月产仔。巢穴多位于岩石或植物根部的洞穴中。

环境　栖息于针叶林和落叶林中，喜好靠近溪流的地方。

摄 | 郭亮

03 共生

Symbiosis

共生

1. 适者生存，和谐共生

黑龙江胜山，在这片 600 平方千米的广袤温带森林中，生活着多达 2053 种形形色色的野生动植物，而影像所记录的只是其中的一小部分。在生物多样性相对较低的中高纬度地区，胜山为何能容纳如此多的物种，生命又是如何在这片天地和谐共生的？

漫长、静谧的冬天　摄 / 崔林

1.1 多样的生境创造丰富的生物类群

胜山位于黑龙江北部，属温带大陆性气候，四季分明。平均气温-2℃，年降水量为550~620毫米。冬季漫长、寒冷而干燥，积雪、结冰可从10月持续到翌年4月；夏季受东南季风影响，气候温和，降雨较为集中。由于地处高纬度地区，且空气质量优良、云量较少，使保护区年日照时数可达2500~2600小时。

因此，虽然保护区整体的生存环境较为严苛，但生命已经学会适应自然的节律，多在水热充沛的夏秋季节生长、繁衍，完成生命的轮回与传递。

在大尺度的气候框架下，地貌与水系特点会影响生境的多样性，从而影响生物的数量与分布。胜山地貌属低山丘陵，相对高度100~200米，且分布有透水性较差的季节性冻土，逊河在保护区内蜿蜒流淌60余千米，密集的河网滋润出一片片湿地、泡沼。这使得保护区生境类型多样，有森林、灌丛、沼泽、草甸、草塘与河流水域等，可以为众多植物、昆虫、鱼类、两栖爬行类、鸟类、兽类等提供多样的栖息环境和充足的食物来源。

此外，由于保护区地处大、小兴安岭生态交错区，且临近西伯利亚，边缘效应有利于物种的迁移与交流，这使得生态交错区往往可容纳更多的物种。例如，这里是小兴安岭代表物种红松分布的最北界，同时，在这里也发现了苔原生物、世界上最大的鹿科动物——驼鹿的身影。

短暂、忙碌的夏天　摄／郭亮

多样的环境孕育丰富的物种 摄 / 崔林

棕背伯劳捕食鼠类 摄 / 郭亮

1.2 和谐共生，生命家园

多样的生境及特殊的地理位置孕育了胜山丰富的生物多样性。这里植物种类丰富，有高等植物896种，占黑龙江全省的42.67%。然而，植物并非孤立的存在，而是在适应中形成彼此紧密关联同时又有建群种、伴生种等不同生态功能区分的植物群落，这便是植被。按照《中国植被》的分类，胜山共有5个植被类型、9个植被亚型、22个群系组、30个群系及55个群丛。

胜山作为中国北方"温带森林生态系统"的代表，从植被区划上来看，包括温带针叶林最南部地带和温带针叶阔叶混交林内的最北部地带，是两个植被区域的汇合处。此外，寒温带针叶林和温带针叶阔叶混交林仅分布在东北地区，这使其成为具有全国性意义的陆地生物多样性关键地区。

除了具有丰富的植物种类与植被类型，胜山还是339种脊椎动物的家园，占黑龙江全省的59.05%，另有330种昆虫、59种土壤动物和429种大型真菌。生物间依靠食物链(网)串联，在这片土地上，每天都在上演着竞争、捕食等精彩纷呈的生命故事。

植物作为生态系统的生产者，为各种草食或杂食的昆虫、鱼、鸟以及保护区常见的兽类如狍子、棕熊、野猪、鼠兔、松鼠等提供了花蜜、根茎、叶、果实、种子等丰富多样的营养与美味；棕熊、赤狐、猛禽（如鹰、鸮）、雁鸭等则多捕食啮齿类、蛙类、鱼类、昆虫及小型鸟类等；而真菌、细菌等微生物则将大量的动植物残体分解为无机物，重新释放到土壤中被循环利用。为了争夺空间与资源，种间竞争普遍存在，如赤狐与猛禽都捕食松鼠、鼠兔等啮齿类，但由于后者繁殖快，数量多，竞争排斥还不足以导致二者不能共存；而竞争排斥的普遍结果是生物

丰富的植被类型　摄／崔林

散生的红松群落　摄／吴道棋

会改变或拓宽自己的生态位，简单说就是增加食物的选择范围。

　　除了生态学上狭义的共生，某些生物间彼此良好的共存对于森林生态系统的持续健康发展也具有深远的意义，特别是涉及群落的建群种时更是如此。对于胜山来说，红松与松鼠就是这样密不可分的共存关系。

　　红松的松塔（大球果）是松鼠最主要的食物来源，而红松的结果存在大小年，一般五年中只有两个种子丰年。因此，松鼠会大量采收松子并四处挖穴贮藏，而经过一冬到翌年就常忘了不少穴的位置，这些被忘却的"松鼠粮库"中的松子经过隔年埋藏，在地中催了芽，翌年

与第三年不断发出来幼苗，日后长成幼树、大树，新的一代红松就在林下成长起来，使红松林能持续发展。

　　松鼠不仅是红松子的搬运者、贮藏者，它还是采种能手。松鼠体型较大，每个松鼠体重在 1~2 千克，爬树的本领很强，一转眼就可以到达 20 多米高的红松树梢，在各个树枝之间自在地摘取松塔，或把松塔打落下来，然后在树下把大松塔的果鳞扒开，将松子取出。大的松塔长 20 多厘米，有四五十粒大松子，松鼠便会一次又一次地把松子搬去远近不同的地穴中埋藏。九十月份红松子成熟时它们便开始忙碌起来，直到下雪后还见它们在树上采松塔。有趣

松鼠是红松群落的"关键种"   摄 / 郭亮

的是，当听到有人或大动物来到时，它会立马蹿到树上，你突然喊一声，它会停下来回头看你，好像小宠物狗一样。松鼠尾巴很长，可以帮助它飞到相隔四五米的另一棵树上去，这可比爬树省劲一些。

红松为松鼠提供了可口的食物，但松鼠给红松的回报价值更大。你看，这又大又重的松塔落到树下，果鳞包得很紧不易打开，里面的松子又很大，不像杨、柳、白桦或落叶松种子那样小还带毛或翅，能飞出去很远，全靠松鼠打开、搬运。红松子还是生理后熟型，加之种壳又硬又厚，胚芽难以破壳而出，一般要隔年埋藏才能发芽。松鼠辛苦的贮粮活动使其无意

中成了红松的播种者。

因此，当你穿行在胜山的高大红松林间，常常看到一丛又一丛的红松幼苗，幼树生长得很好，实际上这都是松鼠的粮库里长出来的。有时，人们在胜山做生物多样性调查或其他研究时，常能挖出一穴又一穴的松子，这些都是松鼠赠送的礼物。可以说，松鼠对红松的天然更新、红松林的发展起到了关键作用，也就是说没有松鼠，红松林就无法自然永续发展。在生态学中，我们便可称松鼠为红松林群落的关键种。

2. 守护生命，守护自然

为了保护胜山这片原生态、众多生命赖以

生存的家园，保护区于 2003 年 2 月由黑龙江省人民政府批准建立。2007 年 4 月 6 日，经国务院批准晋升为国家级自然保护区，属于自然生态系统类、森林生态系统类型。同年 7 月，黑龙江省机构编制委员会正式批准成立黑河市胜山国家级自然保护区管理局，隶属于爱辉区人民政府。其下设七个职能科（室）：办公室、保护管理科、森林公安分局、科研科、宣教科、旅游多种经营科及计划财务科。除了日常的保护区管理、保护（巡山、防护火灾、打击偷猎等），也积极开展相关科研和科普宣教活动，监测保护区生物的生存状况，提高保护区居民及市民保护生态环境的意识。

2.1 科研与监测

科学试验

黑龙江胜山自然保护区地处大、小兴安岭生态交错过渡地带，属森林生态系统类型自然保护区。区内山体浑圆，河流纵横，森林类型齐全，生物物种丰富，动植物分布具有明显的过渡性特征。保护区不仅面积较大，而且保存了完整的未经破坏的北温带森林生态系统，且毗邻黑龙江，与俄罗斯隔江相望，地理位置特殊，是黑龙江省生态环境保护和建设极具潜力和最有价值的地区之一。因此，保护区管理局及各大科研院所与机构均在这里开展了丰富的生物调查、科学试验等科学实践活动。

东北林业大学、北京林业大学和北京师范大学的教授、研究生共在此设立了 40 块各种不同森林类型的固定样地，还作了一块 400×260 米、面积达 10.4 万平方米的大样地，用以研究森林生物量、生产力和植物多样性的变化。十年来，保护区的科研、技术人员与三个大学的师生合作研究撰写发表了 30 多篇学术论文，出版了一本科普图书《黑龙江胜山国家级自然保护区资源植物图谱》。目前，胜山保护区现已建成科研中心，并配置野外调查及室内实验常用设备、仪器与药品，为大中学生前来实习、科研创造良好的条件。

此外，胜山还有一个很重要的研究价值——对红松与红松林在这里的分布、生长与更新能力进行观察和研究。因为这里是我国也是全球红松分布最北（纬度最高）的地方，随着全球气温变暖，植物生态学家们认为一些植物甚至森林会随之北移，虽然这是个长期的缓慢的进程，但在这里科学地设置固定样地，进行定期的观察、测定以了解红松对气候变暖的响应是相当有意义的。

红外相机科研监测

2014 年 2 月，胜山国家级自然保护区管理局与东北林业大学野生动物资源学院教授、国家林业局猫科动物研究中心常务副主任姜广顺博士带领的专家团队，合作开展保护区野生动物资源调查和动物监测工作。姜广顺教授对保护区工作人员进行了动物调查与监测的技术培训；结合实际教授了经典的野生动物样线、样

科研人员正在设立红松的监测样地

专家在对保护区工作人员进行动物调查的技术培训

保护区局长郭建华（中）带领工作人员在冬天安装红外相机

方调查监测，以及红外相机、足迹识别等最新技术与方法；选点示范布设安装红外相机 14 台，从此开启了长期的保护区动物合作监测科研工作。至今保护区已布设红外相机 108 台，基本实现野生动物监测全覆盖。

影像生物多样性调查

2017 年，受黑龙江省黑河市胜山自然保护区管理局的委托，影像生物调查所（IBE）为本区进行生物多样性野外快速调查。对项目区范围内的生物多样性进行调查，同时获取本区域内生物多样性的本底科学信息和一批高质量的影像资料，为后续的科研规划、保护、宣传提供基础材料，促进保护区生态环境的保护与资源的合理开发利用。本次调查主要涉及保护区内的哺乳动物、鸟类、两栖爬行类、鱼类、昆虫和植物类群以及上述生物类群的栖息地。而基于此次的调查成果便有了这本内容丰富而精美、全面展现胜山多彩的生物与环境面貌的作品。

此外，IBE 还对胜山保护区管理局的有关

IBE 调查队队员在进行鸟类调查　摄 / 郑运祥

保护工作人员进行了"生物多样性影像能力提高培训"，旨在提升其在工作中记录野生动植物的意识和能力，提高使用影像进行自然保护宣传、教育、展示的意识和能力。

2.2 保护与宣教

世界野生动植物日走进社区

每年的 3 月 3 日是"世界野生动植物日"。2018 年 3 月 3 日，胜山国家级自然保护区管理局开展了以"保护虎豹，你我同行"为主题的系列科普宣传活动，在各个乡镇、林场悬挂以"人与自然是生命共同体，人类必须尊重自然、顺应自然、保护自然"等为内容的横幅，提高人民群众对大型猫科动物的保护意识。

在过去的 100 年中，老虎的数量下降了 95%，非洲狮子的数量在短短 20 年内下降了 40%，2018 年世界野生动植物日的宣传活动让人们提高了对猫科动物的保护意识。面向儿童和青少年的宣传尤为重要，他们是未来野生动物保护的领导者。

"爱鸟周"活动

"爱鸟周"是中国为保护鸟类、维护自然生态平衡而开展的一项重要宣传活动。每年的 4 月末，胜山国家级自然保护区都会开展"爱鸟周"系列活动。活动现场设立野生动物及鸟类科普知识展板、科普大篷车，悬挂横幅，并向市民发放爱鸟护鸟倡议书、宣传单、宣传画及宣传品等。活动旨在宣传普及爱鸟、护鸟及鸟类栖

2018 "爱鸟周" 进社区活动

2018 "爱鸟周" 进校园活动

息地保护的知识，提高民众依法保护鸟类的意识。保护鸟类是一项重要的社会公益事业，需要全社会的共同关心、支持和参与。

　　除了进行社会宣传，保护区管理局积极走进学校开展活动，加大对青少年保护野生动植物的宣传、教育，增强青少年的生态保护意识。如在黑河市第二中学校园，开展以"保护鸟类资源，守护青山绿水"为主题的教育活动，学生们通过观看视频及科普展板的形式，掌握鸟类基本知识，建立保护鸟类及野生动植物的保护意识；同时展出以"保护鸟类资源，守护青山绿水"为主题的优秀学生作品及宣传报。

穿越大小兴安岭健康亲子行国际徒步大会

　　胜山所在的黑河市与俄罗斯西伯利亚地区毗邻，生物常会穿越国境来往，其生物多样性的维持不仅取决于保护区自身，还会受到邻接地区的影响。保护区管理局通过举行"穿越大小兴安岭健康亲子行国际徒步大会（黑河）"，由来自中俄两国的 81 组家庭共 185 人完成 16 千米徒步穿越。通过户外运动的形式，集中宣传和展示胜山保护区"天然去雕饰，清水出芙蓉"的原生态自然景观，拉近孩子与大自然的距离，同时增强两国共同参与保护生态环境的意识。

中俄两国家庭共同参与胜山徒步活动，领略胜山美丽的自然风光

参与徒步活动的俄罗斯小伙笑容满面

堀／落林

一

04

抵
达

Arrival

抵达

1. 呼吸森林，在茫茫林海中感受胜山的瑰丽

胜山自然保护区内旅游资源丰富，有森林、湿地、冰雪、石林和优越的野生动植物资源条件，是生态旅游的绝佳场所。森林覆盖率高达 86%。

圣峰山天然植物园依山势按森林植物垂直分布带建设，大、小兴安岭代表植物四季更替，争芳斗艳，花香鸟鸣，时有松鼠跳跃枝头，生机无限。原始森林的芬芳充满林间，是洗肺、健身、健脑的好去处。圣峰塔高 22 米，跃身丛林上，登塔观林海，有"一览众山小"之感。明石山怪石嶙峋，一望无际，石塘林景观奇异，令人流连忘返。区内河流网布，湿地景观壮丽。

胜山——绚烂的林海　摄／崔林

黑龙江胜山国家级自然保护区

保护区位于黑河市爱辉区，小兴安岭最北端。北纬49°25′～49°40′、东经126°27′～127°02′。2007年4月由国务院批准建立，总面积600平方千米，属森林生态系统类型。这里山丘低缓，清流弯绕，林海莽莽，湿地广布，生活着2053种形形色色的野生动植物。

额雨尔河

额雨尔河

爱

大黑山

小　红

小

嫩

迈

S301

兴

孟子山

大岭管护站

至嫩江县

安

江

岭

横山管护站

县

参考地图：
1.《黑龙江省地图册》，星球出版社编制，星球地图出版社出版，2016 年 1 月印制。
2.《黑龙江胜山国家自然保护区总体规划图》，黑龙江胜山国家级自然保护区制。

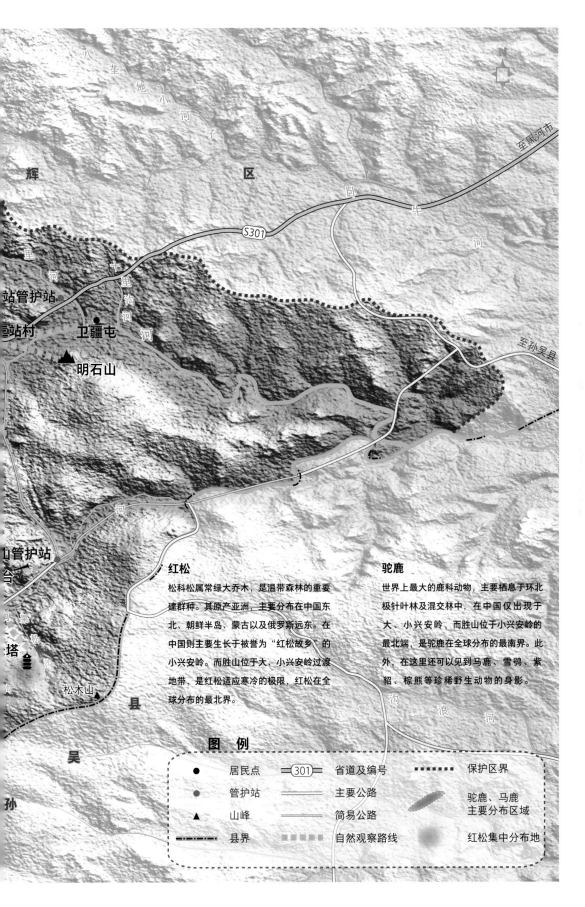

八垄地小河子

区

至黑河市

辉

S301

站管护站

站村

卫疆屯

明石山

至孙吴县

山管护站

红松

松科松属常绿大乔木，是温带森林的重要建群种。其原产亚洲，主要分布在中国东北、朝鲜半岛、蒙古以及俄罗斯远东。在中国则主要生长于被誉为"红松故乡"的小兴安岭。而胜山位于大、小兴安岭过渡地带，是红松适应寒冷的极限，红松在全球分布的最北界。

驼鹿

世界上最大的鹿科动物，主要栖息于环北极针叶林及混交林中，在中国仅出现于大、小兴安岭，而胜山位于小兴安岭的最北端，是驼鹿在全球分布的最南界。此外，在这里还可以见到马鹿、雪鸮、紫貂、棕熊等珍稀野生动物的身影。

松木山

县

吴

孙

塔

图 例

● 居民点	══301══ 省道及编号	▪▪▪▪▪▪▪▪ 保护区界
● 管护站	──── 主要公路	驼鹿、马鹿主要分布区域
▲ 山峰	──── 简易公路	
─▪─▪─ 县界	▪▪▪▪▪ 自然观察路线	红松集中分布地

石塘林（山顶视角）　摄 / 郑运祥

圣峰山与圣峰塔　摄 / 崔林

林间栈道　摄 / 崔林

2. 自然观察，在四季轮回中体味别样的生命之美

胜山自然保护区生物景观丰富而独具特色，目前保护区共有野生生物物种 2053 种，其中国家二级保护植物 7 种、国家一级重点保护动物 6 种（紫貂、原麝、白头鹤、东方白鹳、金雕、黑嘴松鸡）、国家二级保护动物 43 种（鸟类 35 种、兽类 8 种）。

由于胜山位于黑龙江省东北边陲，纬度较高，属温带大陆性季风气候，四季分明。因此，不同季节所呈现的生物景观以及所能看到的生物种类也各不相同。

春

胜山虽然四季分明，但春天却十分短暂，而且来得特别晚。每年 3 月末至 4 月初，随着太阳直射点越过赤道，加快了北归的步伐，昼渐长，夜渐短。积聚的热量碎裂了河冰，河流最早恢复了生机。随之，土壤也慢慢开始吸收水分，胜山渐渐苏醒了。

此时的胜山，山杨、蒙古栎、椴树、白桦和落叶松等落叶的阔叶与针叶树还未发芽，草甸仍旧是一片枯黄，从高处俯视，只见红松等常绿针叶树或散生或小群的聚集，色彩上几乎与冬季无异，显得十分寂寥。

然而，当你走进林间仔细观察，便会发现，松林的枝头已经偷偷冒出了粉绿的新叶，开始了新一季的换装。而俯视林下的草地，你将发现更大的惊喜。

娇艳的紫红色兴安杜鹃铺呈出春天林下的主色调，嫩绿的叶芽儿点缀其中，分外美丽。杜鹃属是个庞大的家族，仅我国就有 500 多种，多分布于西南、华南等温暖的地方。相比于主流产地的杜鹃，兴安杜鹃可说是杜鹃家族的小个

东北代表物种、国家一级保护动物——紫貂　摄／曹宏颖

头，小小的花瓣在初春开始绽放，好似梅花一般，倒也十分可爱。除了兴安杜鹃，慢慢走着，你就会冷不丁发现一把挺立的粉色小伞，小伞由数十朵精致的小花组成，十分惊艳。这是箭报春，报春花属植物，其大部分同胞也都和杜鹃一样，生长在西南的老家。

而在早春的胜山，还有一种极具观赏性的植物——侧金盏花。它一般花先于叶绽放，层层如金色的花环一般，极富对称美；色彩渐变，仿佛散发着金色的光芒。

待到 5 月时，落叶松、白桦等阔叶树已完全放叶，你会看到在落叶松与白桦的浅绿色冠幅之下是云杉幼树的深绿树冠，套在一起十分美丽。

这便是胜山春天最美丽动人的身影，为即将到来的浓绿热闹的胜山之夏拉开了帷幕。

当然，除了已经蠢蠢欲动的植物，保护区的动物们也开始了新一季的活动。而此时林间尚开阔，也是观赏鸟儿的好时节。

状如"梅花"的兴安杜鹃　摄 / 郭亮

孤立草丛中"挺"出的箭报春　摄 / 郭亮

层层如花环般绽放的侧金盏花　摄 / 郑运祥

侧金盏花的"侧颜"如金色的莲花般"楚楚动人"　摄 / 郭亮

优雅展翅的红胁蓝尾鸲　摄 / 曹宏颖

在地面活动的环雉雄鸟　摄 / 郭亮

夏

　　胜山的夏天十分短暂，主要集中在 7~8 月。此时，日照充足，受季风的影响，雨水充沛，是一年中降水最集中的季节。各种落叶树纷纷披上绿装，林下与草甸植物也迅速生长，仿佛一夜之间，绿色主宰了大地，而随着时间流逝，绿意渐浓。

　　在这短暂的好时节里，生命也要抓紧时间完成繁衍与传承。在枝头、在林下、在草甸、在沼泽，各种鲜花竞相盛放，热闹非凡，还有茂密的羽状蕨类植物、树干上水润的地衣以及各种可爱的真菌，这不仅是景观的盛宴，也体现出这里生态系统的完善。

　　植物的生长为各种动物的活动提供了充足的营养。兽类中有常见的野猪、狍子等有蹄类，长尾黄鼠、松鼠等啮齿类，如果你足够幸运，或许还能看到棕熊、马鹿、甚至驼鹿的身影。

　　夏天，植物繁茂，鲜花盛开，各种昆虫开始活动。食物充足，加上胜山本身有森林、沼泽、草甸、河流等各种栖息环境，对于鸟类来说也是忙碌的繁殖与育雏季节。

成片盛放的柳兰　摄 / 崔林

花大而娇艳的有斑百合　摄 / 崔林

红外相机拍到的棕熊，虽然体格巨大，但却是主食植物和小型动物如蚂蚁的杂食者　摄／保护区红外相机

红外相机拍到的极罕见的马鹿　摄／保护区红外相机

吐舌头卖萌的长尾黄鼠　摄／郭亮

忙着吸食花蜜的昆虫　摄／徐廷程

嗷嗷待哺的戴胜雏鸟　摄／曹宏颖

秋

走过短暂热闹的夏天，便迎来了胜山自然保护区最绚烂的秋色。

这里是中国针叶林与针阔混交林的过渡地区，落叶与常绿树木交错生长，伴随着日渐短、昼渐长，落叶树木在掉落前色彩由微黄至黄至红；秋高气爽，植物硕果累累，而五花草塘的菊花、百合花会一直开到九月份迎接雪花，交织出胜山夺目的五彩山林。

除了美景，秋天对于胜山的动物也是收获的季节，或以红彤彤的色彩，或呈现出饱满圆润的外形，果实释放出成熟的信息，鸟儿可以大快朵颐，松鼠、花鼠等鼠类也忙着收集松塔与栎树的果实，各种动物都忙于做窝过冬，储藏粮食，以便度过漫长的寒冬。

到了秋末，9月开始，随着温度渐渐降低，胜山便会出现霜。这里的无霜期只有约3个月，一年中大部分时候都有霜，而霜打红叶也是十分美丽的景观。

胜山之秋的五彩山林　摄／崔林

夜晚的绿色精灵——绿尾大蚕蛾　摄／徐廷程

秋天天朗气清，阳光穿透金黄的树叶，金闪闪的一片　摄／崔林

果实成熟，生物们享受秋日盛宴　摄／曹宏颖

秋霜给红叶镶上了一圈精致的白边　摄／崔林

冬

冬天是胜山最漫长的季节，河流封冻，落叶树多已凋零，白霜凝结在枝干与针叶上，一片白茫茫的景象。此时的草甸已经干涸，也覆着一层白霜。时有大雪覆盖，一片银装素裹，纯净而静谧，但如果你走近山林，可能撞到正在冬眠的大狗瞎子（熊）与饥饿的豺狼或野猪，还可能看到赤狐、狍子以及一些留鸟的身影。

河流封冻，积雪覆盖　摄／崔林

一只在雪地中凝望的赤狐　摄／郭亮

红外相机捕捉到在雪地中奔跑的狍子　摄／保护区红外相机

"胖嘟嘟"的白腰朱顶雀萌态十足　摄／郭亮

黑龙江胜山国家级自然保护区生态旅游指南

⊙ 精彩看点

小兴安岭林海雪原；夏季五花草甸；秋季五彩山林；逊河源头；明石山石塘林景观；圣峰山天然植物园；红松、侧金盏花、兴安杜鹃、驼鹿、马鹿、鬼鸮、胎生蜥等珍稀野生动植物。

⊙ 最佳游览时间

5~10 月，夏秋两季

◎ 位置

黑龙江省黑河市爱辉区二站乡三站村（胜山林场）

⊞ 交通

全国至黑河市爱辉区： 北京、上海、哈尔滨已开通直飞黑河瑷珲机场的航班，抵达后可乘机场大巴，开往市区民航售票处，全程仅 20 分钟；可乘火车抵达黑河火车站，或乘汽车至黑河国际客运站，或自驾。

黑河至胜山保护区： 可从黑河国际客运站搭乘前往胜山林场的巴士，或自驾前往。

长裤单衣，头戴户外防晒帽，涂防晒霜，着舒适、防水户外运动鞋，备防蚊虫叮咬药物。春秋风大、寒冷，宜着厚外套、毛衣，戴手套、帽子、围巾等防风、保暖物品。冬季十分寒冷，如前往请着厚羽绒服、棉裤等保暖衣物。

⌂ 食宿

一日游推荐在黑河市区食宿，当天往返；多日游推荐在二站乡食宿，条件相对简单。

▣ 行程路线推荐

① **胜山一日精华游：** 包车游览明石山、石塘林、圣峰塔、圣峰山等精华景点

② **胜山休闲徒步多日游：** 按推荐的自然观察路线徒步休闲游玩

▤ 旅行贴士

胜山地处中高纬度，夏季凉爽舒适，辐射强，降水集中，植物生长繁茂，蚊虫活动频繁，宜着舒适的长袖

⊙ 禁忌

① 严禁任何游客进入保护区核心区、缓冲区

② 保护区林木茂盛，严禁火源

③ 保护区水网密布，草甸、草塘、沼泽遍布，请游客沿马路及栈道游玩，勿擅自进入未开发道路，以免引发意外事故

④ 保护区野生动植物种类繁多，不乏国家重点保护物种，请勿随意采折植物，捕捉及恐吓动物

⑤ 严禁在保护区内乱扔垃圾、破坏公共设施

⌂ 门票及景区开放时间

免费，全天开放

图书在版编目（CIP）数据

中国自然保护区生态状况调查：自然中国志.黑龙江胜山/影像生物调查所（IBE），黑龙江胜山国家级自然保护区管理局编著. -- 长沙：湖南科学技术出版社，2019.11

ISBN 978-7-5710-0277-0

Ⅰ.①中… Ⅱ.①影… ②黑… Ⅲ.①山－自然保护区－概况－黑河 Ⅳ.① S759.992

中国版本图书馆 CIP 数据核字（2019）第 163707 号

ZHONGGUO ZIRAN BAOHUQU SHENGTAI ZHUANGKUANG DIAOCHA
ZIRAN ZHONGGUOZHI HEILONGJIANG SHENGSHAN
中国自然保护区生态状况调查
自然中国志·黑龙江胜山

编　　著：影像生物调查所（IBE）
　　　　　黑龙江胜山国家级自然保护区管理局
出　　品：北京地理全景知识产权管理有限责任公司
出 品 人：陈沂欢
出 版 人：张旭东
策划编辑：张　婷
责任编辑：陈　刚　林澧波　李文瑶
特约编辑：朱　红　武士靖
装帧设计：王喜华　杨　慧
图片编辑：张宏翼
地图编辑：程　远
特约印刷：焦文献
制　　版：北京美光设计制版有限公司
出版发行：湖南科学技术出版社
经　　销：新华书店
地　　址：长沙市湘雅路 276 号
　　　　　http://www.hnstp.com
湖南科学技术出版社天猫旗舰店网址：
　　　　　http://hnkjcbs.tmall.com
邮购联系：本社直销科 0731-84375808
印　　刷：北京华联印刷有限公司
开　　本：720mm×1000mm　1/16
字　　数：300 千字
印　　张：20
版　　次：2019 年 11 月第 1 版
印　　次：2019 年 11 月第 1 次印刷
书　　号：ISBN 978-7-5710-0277-0
定　　价：128.00 元